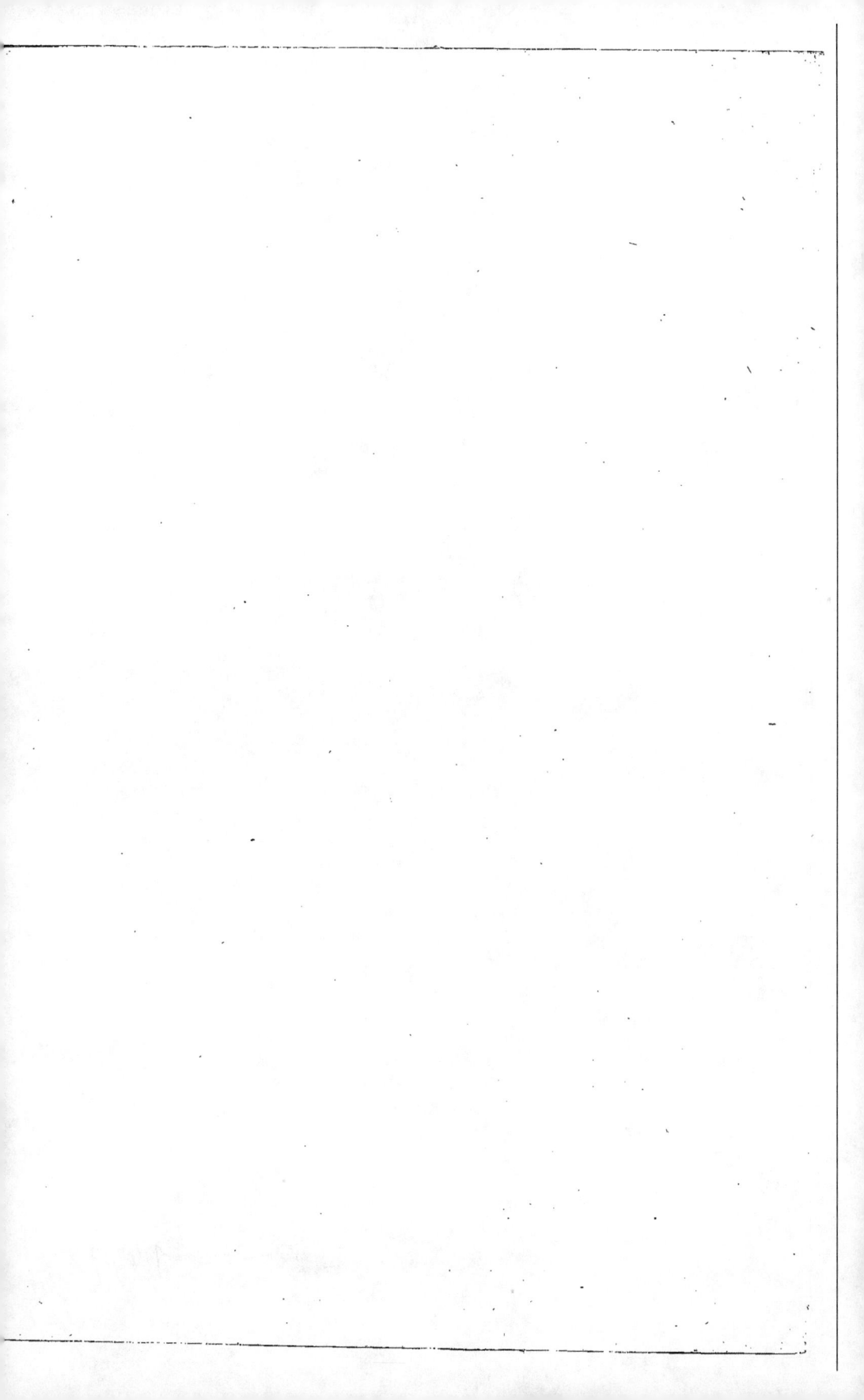

DES

CHEMINS DE FER

D'INTÉRÊT LOCAL

DU DÉPARTEMENT DE LA SOMME

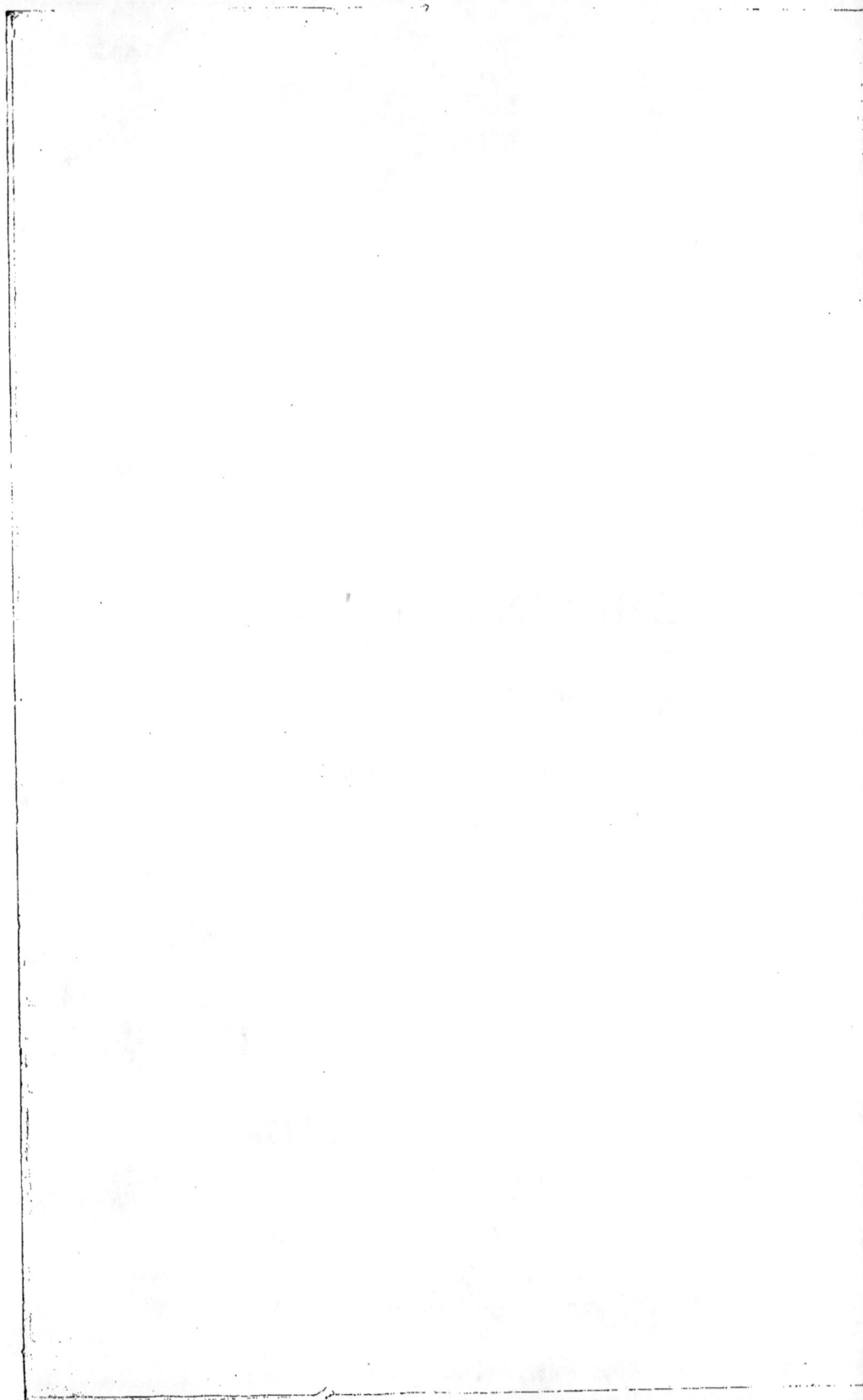

DÉPARTEMENT DE LA SOMME

RÉSEAU

DES

CHEMINS DE FER

D'INTÉRÊT LOCAL

DU DÉPARTEMENT DE LA SOMME

RAPPORT GÉNÉRAL

DE L'INGÉNIEUR EN CHEF

AMIENS

IMPRIMERIE & LITHOGRAPHIE DE T. JEUNET

47, Rue des Capucins, 47

—

1867

©

RAPPORT GÉNÉRAL

DE

L'INGÉNIEUR EN CHEF

PRÉLIMINAIRES

Suivant le dictionnaire de l'Académie, « la vie est l'état de l'animal qui sent et se meut ». Se mouvoir, c'est changer de place, se transporter d'un lieu dans un autre. Tout ce qui tend à faciliter l'acte du transport ajoute à la vie un nouvel élément. Étendre ses relations de proche en proche jusque vers les limites du monde matériel et moral, c'est progresser indéfiniment dans la vie.

Du rôle des voies de communication dans l'économie politique.

La prospérité des empires, résultante de diverses causes, est particulièrement en raison directe du degré de perfectionnement des moyens de communication qu'ils possèdent. C'est là un *axiome d'économie politique* en dehors de toute controverse ; il rayonne comme le soleil, et il faut être frappé de cécité pour n'en pas être ébloui (1).

Ni les peuples, ni les climats, ni les terres n'ont les mêmes propriétés, les mêmes aptitudes. Tous cependant travaillent et produisent ; mais leurs productions se distinguent par une utilité propre et par des caractères différents qui tiennent tantôt au fond, tantôt à la forme, tantôt à la matière, tantôt à la facture, tantôt au génie, tantôt au goût. Leur destination est d'être consommées, sans cela elles n'auraient aucune raison d'être. De cette spécialité dans

---

(1) « On pourrait dire qu'un pays n'est civilisé qu'à proportion des moyens de communication qu'on y trouve. » (J.-B. SAY. *Cours complet d'économie politique pratique*, tome V, chap. XXII.)

« Aujourd'hui cette question : *Combien ce pays a-t-il de voies de communication ?* équivaut purement et simplement à celle-ci : *Quelle est la richesse de ce pays ?* » (DARNIS, rédacteur en chef du *Moniteur industriel*).

les aptitudes et dans la production, il résulte que, faute de communications
qui permettent ou facilitent les *échanges*, chaque peuple, chaque pays serait
condamné à consommer la totalité de ses produits et à se priver de tous les
autres, quelque nécessaires qu'ils lui soient, ou à les créer lui-même à des
conditions désavantageuses.

Les sociétés, à l'origine, n'avaient que des besoins bornés ; les échanges y
étaient rares et s'y traitaient directement, d'individu à individu, presque sans
déplacement. Avec la progression des besoins, les *marchés d'échange* s'éten-
dirent, mettant, entre eux et le producteur, ou le consommateur, des distances
de plus en plus longues, des obstacles de plus en plus difficiles à aplanir ou à
surmonter. Les échanges absorbèrent donc un temps de plus en plus considérable et finirent par devenir aussi onéreux que la production directe.

Le point de départ de cette progression des besoins dut marquer la double
origine de la première grande *division du travail en industrie et commerce*,
— l'un comme l'autre créant la *valeur* par le procédé qui lui est propre, —
et des voies de communication tracées, non plus par le *pied* de l'homme
primitif ou de la bête de somme, mais par la *main* de l'homme déjà
civilisé.

Ainsi l'extension du *marché* fut la raison première de la création des voies
de communication. Réciproquement celles-ci, en favorisant l'écoulement des
produits, les mirent à la portée d'une plus grande masse de consommateurs ;
en d'autres termes, elles en agrandirent le *marché* et, par une conséquence
inévitable, en développèrent la *manufaction*, à ce point que la force de
l'homme et celle qu'il empruntait aux moteurs animés finirent par ne plus y
suffire. L'invention des machines n'augmenta pas le *travail moteur*, puisque,
dans les conditions les plus favorables, celui-ci a pour *limite* le *travail résistant* ; mais elle le dirigea et le *condensa* en quelque sorte de manière à lui faire
rendre le *maximum d'effet utile*. A l'*afflux* de produits qui en résulta devaient
correspondre, sous peine d'étouffement pléthorique, des voies nouvelles plus
perfectionnées, mieux appropriées à leurs besoins d'expansion et de diffusion.
La viabilité des voies de terre se conforma en effet à cette situation ; et aux
navigations *gratuites* (*naturelles*) s'ajoutèrent les navigations *artificielles* (*les
canaux*) dont la puissance d'écoulement est presque indéfinie. Les moteurs
naturels, d'un autre côté, vinrent prêter à la production leur prodigieuse puis-

sance, et, dès ce moment, on peut dire qu'elle tend vers sa limite, — le point où finit la faculté de consommer, — car les chemins de fer — les derniers venus de la famille des voies de communication — sont destinés à la faire pénétrer sous toutes ses formes, dans un avenir qui n'est peut-être pas bien éloigné, jusque dans les plus misérables chaumières.

On a beaucoup gémi, on a écrit beaucoup d'articles de journaux, de nombreuses brochures, sur l'attraction que le séjour des villes exerce vis-à-vis des populations rurales. Qui sait si le remède à ce mal — si tant est que ce soit un mal — ne se trouve point dans le développement de ces dernières voies de communication? Grâce à elles, et par le temps d'annexions qui court, la France entière n'est-elle pas destinée à ne former qu'une seule et même cité dont les villages seraient les faubourgs, ou tout au moins la banlieue? Car il ne faut pas se le dissimuler, c'est le *mieux-être* dont on jouit dans les villes, mieux-être dû presque exclusivement à la facilité, à la régularité des communications, qui y détermine l'entassement de la population.

D'un autre côté, je suis convaincu que c'est dans le développement et le perfectionnement des voies de communication que se trouve la solution que l'on cherche à la crise agricole (2).

Cette action réciproque de la production sur la viabilité et de la viabilité sur la production dont je viens d'indiquer sommairement la marche progressive, est éclairée vivement par l'histoire des voies de communication dont je crois devoir présenter une rapide esquisse.

Les plus anciennes voies dont nous ayons gardé la tradition sont les *voies romaines* qui ont, dans le département de la *Somme*, de nombreux spécimens connus sous le nom de *Chaussées Brunehaut*. Ces routes construites dans un but déterminé: la conquête, et entretenues en vue de sa conservation, desservaient par surcroit les relations commerciales des diverses provinces de la *Gaule*.

Précis historique des voies publiques de la France. — Domination romaine.

A la chute de la civilisation romaine, elles subirent le sort de la fortune publique et privée; c'est-à-dire qu'elles périrent avec elle. Pendant plusieurs

Ère Mérovingienne.

(2) Je crois que cette thèse peut être soutenue victorieusement; mais ce n'est pas ici le lieu de la développer.

siècles, elles furent comme ensevelies sous un suaire de végétations parasites, et presque effacées de la surface du sol par les anticipations riveraines. Ce n'est pas sous l'influence de l'exemple des derniers *rois francs de la première race* que l'industrie et le commerce pouvaient éclore ou se développer sur le sol de la Gaule ravagée et démembrée. Aussi jusqu'à *Charlemagne*, les routes n'eurent en quelque sorte qu'une existence nominale, qu'un rôle passif comme les rois. Tout se borna à leur donner une sorte d'étiquette (3) et à faire respecter en elles la propriété publique en réprimant les envahissements dont elles étaient l'objet de la part des riverains, — semblables à ces instruments classés et étiquetés dans la vitrine des antiquaires, qui attestent une civilisation et des usages disparus.

Ère Carlovingienne. Sous le souffle puissant du grand Empereur, leurs principaux organes (4) semblèrent se réveiller pour se mettre au service de l'agriculture qui renaissait et du commerce auquel la création de ports maritimes ouvrait de nouvelles voies.

Mais ses pâles successeurs pliant sous le poids des tronçons, encore trop lourds pour leurs débiles mains, du sceptre de Charlemagne, ne tardèrent pas à se laisser dominer par les grands feudataires de l'Empire, qui en devinrent les véritables maîtres. Le partage qu'ils se firent de la puissance impériale, l'anarchie féodale qui en fut la conséquence, les compétitions sanglantes et continuelles des seigneurs étaient peu favorables aux relations pacifiques indispensables au développement de la production, et ne se prêtaient guère à sa diffusion à travers un territoire divisé en États ennemis. Aussi voit-on les communications intérieures retomber rapidement à l'état de ruines dont elles venaient à peine de se relever.

Féodalité. Cette situation se maintint pendant toute la durée de la puissance féodale, et l'on peut se faire une idée de l'abandon, — on peut dire de l'oubli, —

(3) Un capitulaire de Dagobert les partagea en trois classes : *Via publica, via convicinalis et semita*, et punit d'une amende les entreprises commises sur leur largeur.

(4) En effet, les capitulaires de Charlemagne ne prescrivaient guère que la construction ou la réparation des ponts et l'établissement de *chaussées* (levées) pour y accéder ou pour franchir les vallées marécageuses. En dehors de ces parties, tout restait en terrain naturel, et les besoins d'une circulation peu active n'exigeaient pas autre chose que la conservation de la largeur.

dans lequel les grands chemins étaient tenus, en considérant que, de Charles-le-Chauve jusqu'au règne de Philippe-Auguste, c'est-à-dire pendant une période de trois siècles et demi, on ne trouve aucun acte officiel qui s'y rapporte, aucun document dans lequel ils soient mentionnés.

Cependant les Croisades exercèrent une heureuse influence sur la viabilité. Dieu suscita sans doute ces immenses manifestations religieuses, suivant le mot de ralliement de Pierre-l'Hermite : *Dieu le veut!* pour relâcher le lien de violence par lequel le serf était rivé à son seigneur comme à la *glèbe*, et livrer la féodalité ainsi affaiblie au pouvoir royal. C'est en effet de cette époque que date l'établissement de la *commune*, levier prodigieux à l'aide duquel la Royauté imprima au féodal édifice ces secousses lentes ou rapides, sourdes ou violentes — selon la main qui le manœuvrait — qui en ouvrirent les joints de toutes parts et ne laissèrent à sa place que des ruines encore debout, il est vrai, mais sur lesquelles la Révolution n'eut qu'à souffler pour les renverser et les balayer du sol de la France.

Époque des Croisades.

Quoi qu'il en soit, le mouvement des Croisades changeant la direction des esprits et secouant les idées, stimulant et développant les besoins et créant des intérêts nouveaux, ajoutant enfin aux relations intérieures des relations lointaines, eut pour conséquence nécessaire et immédiate l'exhumation des voies de communication ensevelies dans la poussière des siècles. Roi, seigneurs, villes émancipées, corporations marchandes ou marinières, ordres monastiques — Frères pontifes — tous obéissant à des mobiles différents — celui-ci à son génie, celui-là à ses intérêts, l'un à l'idée religieuse, l'autre à des vues politiques — tous, dis-je, par leurs efforts non concertés et discordants, s'associèrent à cette œuvre de régénération. La résultante de tant de forces incohérentes devait porter la marque de son origine. En effet, la moindre de ces voies de communication, loin d'être une dans son ensemble, se composait de tronçons locaux ou féodaux soumis à des juridictions diffé-rentes et moins liés entre eux que ne le sont aujourd'hui les routes interna-tionales. Les barrières élevées par le fisc ou par le brigandage seigneurial, aux limites de chaque territoire, y remplaçaient les obstacles naturels ; mais au moins s'abaissaient-elles moyennant un tribut acquitté sous le nom de *péage*, les produits agricoles et industriels ne pourrissaient pas au lieu même de leur naissance et les divers éléments de la vie sociale ne se trouvaient plus séparés par des obstacles invincibles. Cette situation marquait donc un progrès par rapport au dernier siècle de l'ère carlovingienne ; mais elle portait en elle-même un vice constitutionnel qui rendait impossible tout progrès ultérieur. Il fallut encore des siècles pour en élaborer le remède, et des opérateurs tels que Philippe-Auguste, Saint-Louis, Philippe-le-Bel, Louis XI et Richelieu. La formule en fut enfin posée par Henri IV dans un édit du mois de mai 1599, instituant la charge de *Grand-Voyer,* dont le duc de Sully fut le titulaire, et elle reçut ses derniers développements sous le règne de Louis XIV qui, en constituant définitivement l'unité de régime, fit rentrer dans les attributions de la Royauté l'administration de toutes les voies publiques de la France et des ouvrages qui en dépendent, mit un terme ou, du moins, posa une limite aux exactions des seigneurs, et assura et étendit à tous la liberté de circulation.

Règne de Henri IV.

Les règnes de ces deux souverains font ressortir la corrélation nécessaire entre les produits du travail et la viabilité. Sous le premier (5), c'est la même main qui gonfle les *deux mamelles de l'État,* pourvoit à la restauration des grands chemins et institue la première *navigation artificielle* de la France, qui fut en même temps le premier spécimen connu des canaux *à point de partage* (6).

Règne de Louis XIII.

Le règne de son successeur, absorbé à l'origine dans la lutte suprème de la *Couronne* avec les *Grands,* agité vers la fin par les troubles de la *Fronde,*

(5) Sully rapporte dans ses Mémoires (1604) que Henri IV s'était tracé, *pour l'intérêt de l'État,* un plan qui exigeait *qu'il recherchât les moyens d'augmenter ses finances, au lieu d'y faire les retranchements dont les prétendus zélés ne cessaient de l'entretenir.*

(6) Le canal de *Briare* qui met en communication la *Loire* et la *Seine* séparées l'une de l'autre par une chaîne de montagnes. Ce canal était l'un des *neuf moyens principaux* que Sully proposa à Henri IV pour augmenter *les finances de l'État.* Il faisait partie d'un système de navigation qui devait se compléter par la jonction de la *Loire* à la *Saône* et de la *Saône* (*) à la *Meuse.* Sully se réjouissait à l'idée d'enrichir les finances de la *France* aux dépens de l'Espagne de *deux millions par an,* par l'exécution de ce projet. La première jonction a été opérée par le *canal du Charolais,* aujourd'hui *canal du Centre,* entre *Châlons-sur-Saône* et *Digoin,* et la deuxième, moins directe, par le *canal des Ardennes, l'Aisne* et *l'Oise,* d'une part, et le *canal de l'Aisne à la Marne,* d'autre part.

Henri IV avait aussi consacré des sommes relativement importantes pour l'époque, à la jonction de plusieurs rivières deux à deux. Toutes ces communications n'ont pas été exécutées.

(*) C'est sans doute la *Seine* que Sully a voulu dire.

'dont le désordre des finances avait été le prétexte, sinon la cause réelle, n'apporta qu'un mince contingent au développement de la richesse publique et par suite des voies de communication. Il se borna à peu près à l'achèvement du canal de *Briare*.

Sous le règne de Louis XIV, une troisième *mamelle* — *l'industrie* — dont la fécondité avait subi, depuis la conquête de la Gaule, de nombreuses alternatives, devint l'objet de soins particuliers et vint apporter de nouveaux éléments de vie à la circulation qui dut améliorer et élargir son réseau pour les écouler. Pour faire face au besoin nouveau, il fallut se préoccuper de la création de nouvelles ressources. Les *péages* sans titres furent supprimés ; les produits des autres furent affectés à la réparation et à l'entretien des ouvrages pour lesquels ils étaient perçus ; les allocations que les rois avaient, dans certaines circonstances, ouvertes pour l'exécution d'ouvrages sur les voies publiques de leur *domaine privé*, devinrent annuelles ; les *droits d'octroi* que certaines villes étaient autorisées à percevoir furent attribués à la construction des ponts et autres ouvrages qui les intéressaient ; des impositions considérables furent établies sur les villes et les *généralités* pour la restauration de leurs chemins et des ouvrages d'art qui en dépendaient ; la *corvée* même, qui jusque-là avait été exclusivement à l'usage de la féodalité et des établissements militaires, fut étendue, malgré la répugnance qu'éprouvait Colbert à s'en servir, à la création des nouvelles routes et à la réparation des anciennes. Tant de ressources, si elles avaient été employées avec suite et intelligence, auraient dû produire les résultats les plus avantageux pour la viabilité. Il n'en fut point ainsi. Le trésor eut assez à faire pour pourvoir aux magnificences des bâtiments royaux et aux dépenses de la guerre. Son concours ne tarda pas à faire défaut aux travaux des voies de communication, dont la charge dut être supportée presqu'en entier par les généralités, les villes et les gens de corvée. Aussi, à la fin du règne, n'existait-il encore qu'un développement d'environ 14,388 kilomètres de chemins (7) — nous en avons aujourd'hui 37,846 — et encore, suivant l'abbé de Saint-Pierre, un grand nombre de ces chemins étaient *impraticables durant la plus grande*

Règne de Louis XIV.

---

(7) *Nouvelle description de la France*, par PIGANIOL DE LA FORCE — 1718. Il est juste de dire cependant que des travaux de routes assez importants furent exécutés sous ce règne. Tels sont l'ouverture de la route de *Paris à Strasbourg* par la *Champagne* et la *Lorraine*, celle de *Toulouse à Pont-Saint-Esprit* et les chemins stratégiques des *Cévennes*.

partie de l'année ; ce qui lui fit prendre la résolution de ne plus voyager pendant la mauvaise saison (8).

La navigation fut mieux traitée que les routes. L'œuvre la plus remarquable du règne de Louis XIV fut, sans contredit, le canal du Languedoc, qui donna lieu à une dépense originaire de 16,279,507 francs, lesquels, au cours actuel de notre monnaie, vaudraient aujourd'hui 33 millions de francs (9). Si l'on tient compte du renchérissement de la main-d'œuvre, qui est dû à d'autres causes que l'augmentation du marc d'argent, on peut affirmer que, tout en faisant la part des perfectionnements qu'a reçus depuis cette époque l'art de l'Ingénieur, l'exécution de ce canal ne reviendrait pas aujourd'hui à moins de *cinquante millions*.

Le trésor de l'État ne contribua à cette dépense que pour la somme totale de 7,484,051 francs. Presque tous les autres travaux de navigation furent exécutés par des particuliers moyennant la concession d'un péage. Cela peut expliquer la préférence qu'ils obtinrent sur les travaux des grands chemins de terre. Il est vrai que le principal de ces ouvrages fut conçu, entrepris et terminé avant la révocation de l'édit de Nantes, duquel datent les guerres néfastes qui furent une succession de revers pour la France et épuisèrent ses ressources financières, et la décadence de son industrie que Colbert avait portée si haut.

Derniers temps de l'ancienne monarchie.

Le règne de Louis XIV fut surtout organisateur et administratif. Son impulsion se transmit aux règnes suivants et y développa des résultats qui jusque–là étaient restés en germe. L'épuisement des finances obligea à donner une existence légale à la *corvée*, surtout pour la réparation et l'entretien des grandes routes, malgré les abus prévus qu'elle traînait à sa suite. Ce moyen de battre monnaie produisit des merveilles. On n'évalue pas à moins de vingt-quatre mille kilomètres le développement des routes créées ou reconstruites sous Louis XV avec cette seule ressource qui ne coûtait rien à l'État, il est vrai, mais qui écrasait les malheureux corvéables de tout le poids des millions dont elle soulageait ce qu'on appelait l'*État du Roi pour les Ponts-et-Chaussées*. On peut se faire une idée de la lourdeur de cet impôt par le fait suivant : sur les 609 lieues de

(8) *Mémoire pour perfectionner la police sur les chemins* — 6 septembre 1715.

(9) *Des canaux navigables* par M. HUERNE DE POMMEUSE, tome deuxième — janvier 1822.

grandes routes de la *Champagne*, on employait annuellement 540,000 journées de manœuvres et 405,000 journées de voitures attelées, en moyenne de deux chevaux, le tout ayant à cette époque une valeur de 2,400,000 représentant une valeur actuelle de 4 millions de francs au moins (10). Il est vrai que sur le sol crayeux de cette province l'entretien des routes était et est resté difficile et dispendieux (11).

Un arrêt du Conseil d'État du 6 février 1776 avait divisé les grandes routes en quatre classes. En 1790, celles de la première classe étaient achevées. Il en était de même de la presque totalité de celles de la deuxième classe. Les routes de troisième classe, à l'exception des plus importantes de quelques généralités, étaient peu avancées. Quant à celles de quatrième classe — les chemins de clocher à clocher — elles étaient presque entièrement en lacunes.

Ce qui caractérise la fin de l'ancienne monarchie, c'est le soin qu'elle apporta à l'entretien des voies de terre. Cet art, qui consiste principalement dans la continuité des soins, fut créé à cette époque dans la *généralité de Limoges* et successivement étendu à plusieurs autres *généralités*. Aussi on a pu dire en 1790 que *presque toutes les grandes communications du royaume étaient parfaitement belles* (12).

Malheureusement la sollicitude de l'Administration ne s'étendit pas aux communications par eau. A la fin du règne de Louis XVI, la France ne possédait encore que les canaux du *Languedoc*, d'*Orléans*, de *Briare* et de *Montargis*, auxquels il faut ajouter les canaux exécutés dans les provinces du *Hainaut, Flandre, Artois, Calaisis* et *Picardie*. Quelques ébauches de travaux s'exécutaient bien pour le compte des *États*; mais rien ne se terminait. Le canal du *Centre* dont j'ai parlé plus haut ne fut achevé qu'en 1792, et le canal de *Bourgogne*, qui devait coûter des sommes énormes, n'avait encore reçu en 1790 que 2 millions.

(10) *Essai d'un système général de navigation de la France*, par MM. DUPUIS DE TORCY et BRISSON, Ingénieurs des Ponts-et-Chaussées — 1829. (Note de la page première)

(11) Les principaux éléments de cette notice, jusqu'à l'année 1790, m'ont été fournis par l'excellent ouvrage de M. Vignon, Ingénieur en chef des Ponts-et-Chaussées, Directeur du Dépôt des cartes et plans et des archives du Ministère de l'Agriculture, du Commerce et des Travaux Publics, publié sous le titre de *Études historiques sur l'administration des voies publiques en France aux dix-septième et dix-huitième siècles* —1862.

(12) DE LA MILLIÈRE. *Mémoire sur le département des Ponts-et-Chaussées* — 1790.

2

Des sommes insignifiantes — *cent mille francs, deux cent mille francs* au plus — étaient affectées annuellement sur les *fonds ordinaires des navigations* à la *construction* des canaux les plus importants, lorsque pour le simple *entretien du canal de la Somme*, nous dépensons aujourd'hui la somme encore bien insuffisante de *cent trente mille francs*.

Je ne parle pas de quelques maigres allocations désignées sous le nom pompeux de *fonds extraordinaires*, attribuées à deux ou trois voies pour des objets spéciaux et qui s'élevaient à peine à *six cent mille livres* en totalité.

Avec des ressources aussi modestes, il aurait fallu des siècles à l'ancienne monarchie pour mener à fin les entreprises commencées ; mais la *Nation* ne lui en laissa ni le soin ni le temps.

Révolution et Empire. Pendant tout un quart de siècle employé à débarrasser le sol social des ruines du passé, à y édifier le régime nouveau et à le faire accepter par l'*Europe*, l'agriculture, l'industrie et le commerce, condamnés au repos forcé, cessèrent de fournir leurs produits pacifiques et civilisateurs aux grandes routes qui ne servirent plus qu'à mobiliser des engins de destruction. Aussi, celles-là seules qui étaient en position de rendre des services de cette nature furent l'objet de la sollicitude du pouvoir. Les autres cessèrent d'être entretenues ou furent abandonnées aux soins des départements ou des communes ; ce qui revenait au même (13). L'intérêt de la viabilité fut subordonné aux nécessités de la défense du territoire. Cependant plusieurs créations relatives à la navigation intérieure se rattachent par leur origine à cette époque. Telles sont le *canal du Rhône au Rhin, le canal de l'Ourcq, le canal d'Ile-et-Rance, le canal de Nantes à Brest,* qui se recommandait surtout par ses qualités stratégiques, *la navigation de la Seine en amont de Paris, l'amélioration de plusieurs rivières.* Il faut encore signaler la reprise d'un certain nombre de canaux, parmi lesquels je citerai le *canal de la Somme,* dont les travaux d'ailleurs ne furent sérieusement entrepris que sous la *Restauration.* Enfin si, à l'exception de celles qui avaient en quelque sorte un caractère militaire, ou qui avaient l'avantage de servir à l'approvisionnement de la capitale, les routes furent négligées dans la période qui s'écoula de 1789 à 1814 ; si les

(13) *Instruction du Directeur général des Ponts et Chaussées* (M. MOLÉ), du 13 août 1810.

ressources appliquées à l'exécution des travaux publics leur furent parcimo-
nieusement ménagées, il est juste de reconnaître que la plupart des grands
projets qui furent exécutés sous les gouvernements qui se sont succédés depuis
la chute du premier Empire avaient été conçus et préparés dans cette période,
et qu'à aucune autre époque l'Administration des travaux publics n'avait
déployé autant d'activité, sinon pour édifier, du moins pour organiser.

La *Restauration* s'était accomplie dans des circonstances bien douloureuses
pour la France. Les finances publiques engagées pour plusieurs années au
rachat du sol souillé par la présence *des ennemis de la veille* devenus, par
une cruelle ironie du sort, *nos alliés du lendemain*, allèrent féconder, non
point nos champs demeurés longtemps en friches faute de bras, non point
notre industrie paralysée faute de débouchés, mais les entreprises rétrogrades
contre l'ordre nouveau, conçues et poursuivies sans relâche par nos vainqueurs
d'un jour.

Restauration.

Ce détournement des ressources financières de la France de leur destination
nationale la condamna pour longtemps à l'impuissance. On a beau avoir du
génie et de l'activité, on ne tire pas deux fois le monde du néant. Il fallut avant
tout, à force de persévérance dans les privations et par des miracles d'économie, reconstituer le capital englouti dans le gouffre de *l'invasion*. Mais
jusque-là que de misères ! La famine de 1816 n'eut pas pour cause unique
l'inclémence du ciel ; le mauvais état des voies de communication, la désor-
ganisation des entreprises commerciales y eurent une part dont la disette
de 1847, plus rapprochée de nous, donne une idée affaiblie.

Jusqu'en 1821, les efforts de l'État consistèrent presque exclusivement à
rétablir les ponts rompus par suite des évènements militaires et à maintenir les
voies publiques dans l'état d'extrême médiocrité où il les avait reçues du régime
précédent. Mais, à partir de cette époque, et lorsque les plaies de l'invasion
commençaient à se cicatriser, il put faire un large appel aux capitaux privés.
Ceux-ci, sortis de leur cachette ou nouveaux venus formés par l'épargne, y
répondirent en faisant, il est vrai, des conditions qu'aujourd'hui nous pourrions
trouver onéreuses, mais qui, au contraire, dans l'état du crédit d'alors, témoi-
gnaient, de la part de leurs détenteurs, d'un véritable patriotisme, d'un dévouement sérieux à l'œuvre à laquelle ils étaient destinés et d'une intelligente

appréciation de son importance. De cette époque datent la construction par voie de concession de péage d'un nombre considérable de ponts sur des fleuves et rivières qui partageaient souvent un même département en deux parties qui étaient restées jusque-là comme étrangères l'une à l'autre, et l'achèvement ou l'ouverture, suivant le même mode, des canaux de *Saint-Quentin*, de *la Somme*, des *Ardennes*, du *Rhône au Rhin*, et d'une foule d'autres canaux du Nord, de l'Ouest, du Midi et du Centre de la France.

C'est à l'année 1823 que remonte l'origine du premier chemin de fer établi sur le sol français (14) ; mais les routes de terre ne progressèrent qu'avec lenteur.

Dynastie de Juillet.

Ce fut le *gouvernement de juillet* qui s'occupa le premier avec suite du comblement des lacunes considérables qu'elles présentaient encore et de la rectification des déclivités excessives sous lesquelles la plupart des routes avaient été construites, non-seulement dans les contrées montagneuses, mais aussi dans les pays de plaine comme la *Picardie* (15). Cette double opération

(14) 26 janvier 1823, chemin de *Saint-Étienne* à *Andrezieux*. Le chemin de la *Loire* au *Rhône par le territoire houiller de Saint-Étienne* a été concédé à une compagnie par ordonnance du Roi du 26 février 1823.

(15) Les débuts du *gouvernement de juillet* dans cette voie furent assez timides. Par ses circulaires des 3 septembre 1831 et 19 octobre 1832, le Ministre des Travaux publics, M. d'Argout, se bornait à recommander aux Préfets et aux Ingénieurs en chef d'appeler l'industrie privée au secours du Trésor public, en se chargeant, moyennant péage, de la rectification des rampes rapides. Un certain nombre de rectifications furent en effet entreprises dans ces conditions. Mais il s'y élança résolûment dès l'année suivante.

En effet, une loi du 27 juin 1833 créa un fonds de 15 millions pour la construction des parties en lacunes des routes royales qu'il était le plus urgent de faire disparaître, augmenta de deux millions les fonds d'entretien des mêmes routes pendant les années 1833 et 1834, créa dans les départements de *l'Ouest* un réseau de routes stratégiques auquel elle affecta un fonds de 12 millions qui fut porté à 14 millions par deux autres lois des 25 juillet 1837 et 26 juillet 1839. Ces lois ont doté les départements de l'Ouest de 1,466 kilomètres de routes qui, construites dans un but politique, ont développé considérablement leur prospérité.

Trois autres lois des 14 mai 1837, 5 août 1844, 30 juin 1845 créèrent d'autres fonds s'élevant ensemble à 167 millions 500 mille francs pour achèvement des parties en lacunes, — rectifications des parties assimilables aux lacunes et réparations extraordinaires.

Quatre lois à la date du 14 mai 1837, classèrent quatre routes départementales au rang des routes royales et affectèrent à leur achèvement une somme de 1,774,000 francs (fonds extraordinaire), indépendamment des contingents des départements, des communes et des particuliers intéressés.

Une autre loi du 26 juillet 1839 classa la route de *Metz* à *Trèves* et ouvrit à cette occasion un crédit de 369,000 francs, qui fut porté à 429,000 francs en 1845.

Cinq lois des 2 juin 1837, 6 juillet 1840, 2 juillet 1843, 19 juillet 1845, 31 mars 1846,

fut poursuivie avec une ardeur proportionnée aux avantages qu'elle promettait. Malheureusement elle fut bientôt enrayée par l'établissement des chemins de fer qui commençaient à se développer et qu'on croyait destinés à annuler les voies de terre. C'est à cette appréciation économique, plus spécieuse que fondée, qu'il faut attribuer le maintien, sur les routes de la *Somme*, de déclivités qui limitent, dans des proportions variables, mais toujours fâcheuses, les services qu'elles pourraient rendre encore à l'agriculture, à l'industrie et au commerce.

L'année 1836 surtout fut marquée par la mesure la plus féconde en résultats pour l'agriculture qui eût été conçue jusque-là : je veux dire la loi sur la vicinalité, qui a mis le plus misérable hameau en relation avec toute la France, et partant avec le monde entier (16).

Les travaux d'ouverture, d'achèvement et d'amélioration des voies navigables suivirent la marche progressive des autres voies (17). Il en fut de même

créèrent des fonds s'élevant ensemble à 11 millions 930 mille francs pour la construction ou la reconstruction de vingt-deux grands ponts.

Je ne parle point de la loi du 25 avril 1847, qui ouvrit un crédit de 300 mille francs pour la réparation urgente des routes royales nᵒˢ 7 et 8, qu'un roulage excessif employé au transport des grains lors de la disette de 1847 avait complètement ruinées. Je passe également sous silence les nombreux ponts suspendus établis par concession avec des subventions du Trésor, ainsi que les rectifications de rampes rapides sur les routes royales ou départementales exécutées par la même voie.

(16) Loi du 21 mai 1836.

(17) La loi citée du 27 juin 1833 avait créé un fonds de 44 millions applicable aux canaux entrepris sous la Restauration au nombre de *quinze*, dans lesquels se trouve compris le canal de la *Somme*. Ces navigations, dont le développement total est de 2,514 kilomètres, étaient complètement ouvertes dès la fin de 1846. La dépense s'élevant à cette époque à 284,903,286 francs a été couverte :

1° Par des ressources diverses antérieurement aux lois d'emprunt de 1821 et 1822 jusqu'à concurrence de . . . . 52,993,275 fr.
2° Par le fonds d'emprunt. 126,100,000
3° Par les fonds du Trésor depuis l'épuisement de l'emprunt jusqu'au 31 décembre 1833 43,208,240
4° Par les fonds de la loi du 27 juin 1833. 42,867,771
5° Par les fonds de cette loi et ceux créés par les lois des 9 août 1839 et 11 juin 1841 19,734,000

Total égal . . . . . . 284,903,286 fr.

Quatre autres canaux importants votés par les lois des 19 juillet 1837, 3 juillet 1838 et 8 juillet 1840 reçurent des crédits considérables et furent poussés avec une grande activité. 45 millions furent affectés au canal de la *Marne au Rhin* par la loi de sa création (3 juillet

des ports de commerce (18).

Jamais des ressources aussi considérables n'avaient été mises à la disposition de l'État, des départements et des communes, pour être appliquées à l'extension ou à l'amélioration des voies publiques de toute catégorie. Aussi, dès cette époque, d'importants progrès se manifestèrent dans la viabilité.

La prospérité publique, ai-je besoin de le dire, emboîta le pas. Ses éléments sont si nombreux et si variés que leur comparaison, à diverses époques, exigerait des volumes entiers. Je me bornerai à en citer un seul qui est comme la mesure de tous les autres — la production et la consommation de la *houille* — ; car qui dit *houille* dit vapeur ; et la vapeur, c'est la puissance, c'est la richesse.

Or en 1818 les houillères françaises ne produisaient que 1,003,200 tonnes de ce combustible ; et en 1837 la production s'était déjà élevée à 2,987,116 tonnes.

De plus la consommation de la France en charbons étrangers seulement, qui n'était que de 242,852 tonnes en 1818, atteignait, en 1838, le chiffre de

1838). Des crédits supplémentaires s'élevant ensemble à 30 millions lui furent ouverts par les lois des 5 août 1844, 19 juillet 1845 et 5 mai 1846.

Les mêmes lois ont affecté à l'établissement d'un *canal latéral à la Garonne* des crédits s'élevant ensemble à 63 millions.

La loi du 8 juillet 1840 créant le *canal de l'Aisne à la Marne* lui a affecté une somme de 13 millions.

Enfin le *canal de la Haute-Seine*, qui avait été commencé en 1805 et abandonné depuis 1823, fut repris en vertu de la même loi qui affecta une somme de 3 millions 500 mille francs à son achèvement.

L'amélioration et le perfectionnement des rivières navigables furent aussi l'objet, depuis l'année 1836, d'allocations importantes sur les budgets ordinaire, extraordinaire et spéciaux. C'est ainsi que *douze* rivières, d'abord, se partagèrent depuis cette époque 44 millions environ.

Diverses lois des 30 juin 1835, 19 juillet 1837, 6 et 8 juillet 1840, 11 et 25 juin 1841, 18 juin 1843 et 5 mai 1846 affectèrent à dix-sept rivières plusieurs crédits s'élevant ensemble à 81 millions 590 mille francs.

Enfin *douze* autres rivières furent dotées par la loi du 31 mai 1846 d'un fonds extraordinaire de 75 millions.

Ainsi le gouvernement de juillet a consacré plus de *deux cent millions* à l'établissement, à l'amélioration des canaux et au perfectionnement de la navigation des rivières.

(18) Les ports de commerce, la défense du rivage de la mer et l'éclairage des côtes prirent en effet une large part dans le mouvement d'amélioration des voies publiques. Huit lois des 19 juillet 1837, 21 juin 1838, 6 juillet 1840, 11 et 21 juin 1841, 25 mai 1842, 19 juillet 1845 et 5 mai 1846 ouvrirent des crédits montant ensemble à 76 millions 307 mille 639 francs pour l'amélioration de 42 ports, savoir 34 sur *l'Océan* et 8 sur la *Méditerrannée*.

Parmi les ports compris dans l'allocation de crédits, je citerai particulièrement ceux du Hourdel, du Crotoy et de Saint-Valery qui figurent ensemble dans la première loi pour un

1,104,363 tonnes. Je me crois donc autorisé à affirmer que, dans cette période de vingt années, les produits des industries fécondées par la chaleur ont plus que triplé ; et, comme ces industries sont liées à presque toutes les autres, on peut légitimement admettre que la prospérité générale s'est accrue dans la même proportion (19).

Le développement de la richesse publique devait à son tour réagir sur la viabilité.

Déjà la *navigation naturelle*, dès les temps les plus reculés, était un auxiliaire important des voies de terre, et d'autant plus recherché et mis à contribution, que ses services étaient pour ainsi dire gratuits ; c'est-à-dire que le défaut absolu d'entretien n'en diminuait pas sensiblement la valeur ; tandis que les chemins abandonnés à eux-mêmes finissent par devenir absolument impropres à tout usage.

La *navigation artificielle*, dont nous avons vu que le canal de Briare fut le premier spécimen en France, devait se propager sur presque tous les points d'un territoire arrosé par de nombreux et puissants cours d'eau ; car si d'un côté elle exige un capital considérable de premier établissement, d'un autre côté elle offre sur le mode de transport par terre des avantages largement compensateurs, sans donner lieu à un entretien sensiblement plus dispendieux que les routes. C'est à l'influence des canaux que l'on doit attribuer la création

crédit total de 400,000 francs qui a servi : 1° à la construction du barrage à claire-voie et de l'écluse de chasse du Hourdel ; 2° à l'établissement des trois estacades du Crotoy et à la construction de 395 mètres courants de mur de quai à Saint-Valery.

D'autres lois des 5 août 1844, 16 et 19 juillet 1845, 5 mai et 3 juillet 1846, ouvrirent pour amélioration, agrandissement ou création de ports, travaux de défense du rivage, ouverture de canaux maritimes, etc., un ensemble de crédits montant à 93,674,361 francs.

Indépendamment des fonds ordinaires du budget, le service des phares reçut deux allocations extraordinaires de 2,500,000 francs chacune, qui ont été employées soit à la transformation du système de l'éclairage, soit à la construction de nouveaux phares, soit à la reconstruction, à la restauration ou à l'exhaussement des anciens, etc.

(NOTA). Les indications qui sont l'objet des notes 15, 17 et 18 sont exclusivement relatives aux travaux publics du continent. Les travaux publics de la Corse ont été l'objet d'allocations diverses s'élevant ensemble à 13 millions environ, dont 11 millions 400 mille francs pour les routes royales, dont le développement s'est accru d'environ 504 kilomètres, y compris les parties rectifiées ; et le reste, pour l'amélioration de neuf ports et l'établissement de cinq nouveaux phares de premier ordre.

(19) En 1864 la consommation de la *houille* et du *coke* s'est élevée à 16,900,000 tonnes environ, dont 11 millions de provenance nationale. Si on la compare à celles de 1818 et de 1830, on trouve qu'elle est 13 fois et demie la première et plus que quadruple de la seconde, et que la progression annuelle est restée à peu près constante depuis l'année 1818.

de la majeure partie des exploitations métallurgiques en activité avant l'établissement des chemins de fer, et l'immense plus–value acquise par les forêts.

Leurs avantages sur les routes, au point de vue des transports, étaient estimés au siècle dernier dans le rapport de *cent cinquante* à *un* (20). Quoiqu'on puisse rabattre de cette appréciation, il n'est pas moins certain que l'usage des canaux a introduit des conditions tellement économiques dans l'industrie des transports que, dans notre département par exemple, le transport d'une tonne à un kilomètre, qui coûte 25 centimes par la voie de terre, ne revient qu'à 2 centimes et 68 centièmes de centime en moyenne sur le *canal de la Somme*, les droits de navigation, c'est-à-dire le péage compris (21).

L'application de la vapeur à la traction sur les canaux les dota d'un autre avantage, celui de la célérité. Mais cet avantage ne pouvait franchir certaines limites en raison de la résistance que l'eau oppose à la traction, résistance croissant beaucoup plus rapidement que la vitesse (22). Cependant cet élément

(20) *Mémoire sur le département des Ponts et-Chaussées* présenté à l'Assemblée Nationale par M. DE LA MILLIÈRE, chargé de ce département, sous l'autorité du Ministre des Finances (janvier 1790).

Cette mesure des avantages relatifs de la navigation comparée à la circulation sur les voies de terre est peut-être moins exagérée qu'elle ne le paraît aujourd'hui que la viabilité de ces dernières a reçu des perfectionnements qui laissent bien en arrière toutes les améliorations de la fin du dix-huitième siècle. J'ai pu constater que, *dans les biefs du canal de la Somme où le mouillage* n'est pas inférieur à $1^m,80$, un bateau chargé de 240 tonnes est halé par deux chevaux qui font moyennement 13 kilomètres par journée de dix heures. Donc un cheval traîne, dans ces conditions, $\frac{240}{2} \times 13 = 1,560$ tonnes à un kilomètre dans sa journée. Sur une route dont les déclivités n'excèdent pas 6 centimètres par mètre, un cheval attelé traîne 750 kilogrammes de *poids utile* à la distance de 32 kilomètres, dans sa journée de dix heures de marche, ou $0^t.750 \times 32 = 24$ tonnes à un kilomètre. Ces deux chiffres sont entre eux dans le rapport de 65 à 1. Ce rapport diffère notablement de celui que donne M. de la Millière. On les rapprochera sensiblement si l'on admet, ce qui est vrai, qu'au lieu de porter 750 kilogrammes sur les routes à la fin du dernier siècle, un cheval attelé ne portait que trois à quatre cents kilogrammes.

L'appréciation que faisait de ce rapport Jean-Baptiste SAY, dans son *Cours complet d'Économie politique pratique*, était plus conforme aux faits actuels. « Ce sont, dit-il, (les canaux de navigation) des routes liquides qui supportent impunément les plus lourds fardeaux, et sur lesquels ils glissent avec une facilité telle qu'un seul cheval, sur une eau tranquille, entraîne un poids qui exigerait *cinquante* ou *soixante chevaux* et un nombre d'hommes proportionné, s'il fallait le transporter par terre. » (*Dépenses de la navigation intérieure*, chapitre XXIV, tome V, page 242, édition de 1819).

(21) Les droits perçus pendant l'année 1863 sur toute l'étendue du *canal de la Somme* pour un tonnage kilométrique de 14,246,321 tonnes se sont élevés à la somme de 48,608 fr. 26 ; ce qui fait revenir le tarif moyen, toutes classes de marchandises confondues, à $0^c.34$. Quant au fret, il peut être évalué moyennement à $2^c.34$ par tonne et par kilomètre.

(22) Théoriquement comme le carré de la vitesse.

(la célérité des transports) acquérait de jour en jour plus d'importance par le fait du développement de la production et de la consommation, effet et indice de l'accroissement de la prospérité générale.

La lenteur des voyages mettait les lieux de production à des distances plus ou moins considérables des lieux de consommation, et obligeait par suite le *commerce* à faire d'avance d'importants approvisionnements et à construire de grands magasins pour les recevoir, afin d'être prêt en tout temps à satisfaire sa clientèle. Il en résultait une immobilisation de capitaux dont au bout du compte le consommateur payait le chômage.

Je l'ai déjà dit, *la navigation à vapeur* atténue cet inconvénient jusqu'à un certain point, mais les interruptions occasionnées par les glaces et les débordements ou nécessitées par les réparations, introduisent dans les transactions commerciales une cause d'incertitude qui entretient dans les prix de transport des fluctuations nuisibles à leur allure. La création d'un *roulage accéléré* sur les voies de terre concourt aussi à ce résultat, mais celui-ci n'est obtenu qu'aux dépens de l'économie des frais de transport par la continuité de la circulation journalière et par la création de relais dont le roulage ordinaire n'avait pas besoin.

Le problème était posé : Rapprocher en *temps*, le plus possible et aux meilleures conditions, les produits agricoles et industriels du consommateur. Tout le monde sait comment il a été résolu. La première solution remonte déjà à près de deux siècles. C'est vers 1680 que le premier chemin à *ornières* paraît avoir été construit. Les ornières consistaient dans des pièces de bois longitudinales reposant sur des madriers. Ce chemin était destiné à l'exploitation des houillères des environs de Newcastle-sur-Tyne.

Mais on s'aperçut bien vite que le bois s'usait rapidement et donnait lieu à des frais d'entretien considérables. On lui substitua des barres de fer, et le *chemin de fer* tel qu'il est à peu près aujourd'hui était créé (23). Le premier exemple de cette substitution date, je crois, de 1767. Il est dû à M. Reynols,

---

(23) Sur un pareil chemin de fer, le rapport de la traction à la charge totale était de 0,006, tandis que sur une voie de terre, à l'état moyen d'entretien des chaussées d'empierrement des routes de France, il est de 0,031 et qu'il descend à la limite de 0,010 sur un pavé ordinaire en grès de Fontainebleau sec, avec une charrette à jantes de 0,10 à 0,12 de largeur. (*Expériences* de M. MORIN — *Aide-Mémoire*, par J. CLAUDEL.)

3

du Shropshire. — On a vu que ce ne fut que plus d'un demi-siècle après, qu'il fut imité en France.

C'était déjà un progrès important par rapport aux voies de terre, puisqu'un cheval allant au pas pouvait traîner sur la voie de fer une charge plus que quintuple de celle qu'il traîne habituellement sur une chaussée d'empierrement à l'état d'entretien moyen, mais ce n'était encore que la solution de la moitié du problème. Les moteurs animés, lorsqu'ils sont attelés à des voitures, ne peuvent excéder dans le travail une certaine vitesse que fait connaître l'expérience, qu'aux dépens de leur santé ou de la quantité de travail journellement produite. La locomotion, qui gagnait beaucoup sous le rapport du tirage, gagnait peu du côté de la rapidité des transports ; et c'était le point capital de la question. L'idée d'appliquer la force élastique de la vapeur à la traction sur les voies ferrées est ancienne ; mais ce ne fut qu'après de nombreuses tentatives exécutées de tous côtés et qui n'aboutirent qu'à des machines lourdes, peu puissantes, ne parcourant au maximum que 15 à 16 kilomètres à l'heure, à peu près comme les chevaux de la malle-poste, que M. Séguin aîné inventa la *locomotive à chaudière tubulaire,* qui remorque aujourd'hui sur les chemins de fer des vingtaines de voitures avec une vitesse qui peut être portée dans la pratique jusqu'à 100 kilomètres à l'heure, et qui, théoriquement, peut s'élever beaucoup au-dessus. Le premier essai de cette locomotive fut fait en 1830 sur le chemin de fer de Manchester à Liverpool.

En 1842, la France se trouvait, du côté de ces nouvelles voies de communication, dans un état d'infériorité bien douloureux vis-à-vis de ses voisins. Elle ne possédait encore que 591 kilomètres de chemin de fer en exploitation (24), tandis que l'Angleterre en était presque sillonnée (elle n'en avait pas moins de 4,152 kilomètres pour un territoire qui est juste les trois cinquièmes du territoire continental français), et que la Belgique, près de 18 fois moins étendue que la France, en comptait 1,275. Quant aux États-Unis, le développement de leur réseau atteignait déjà à cette époque le chiffre de 6,814 kilomètres, sur 14,609 kilomètres de projets (25).

Cette situation arriérée était le produit de plusieurs causes.

---

(24) *Statistique centrale des chemins de fer*, publiée par le Ministère des Travaux publics.

(25) *Le livre des chemins de fer*, par M. A. LEGOYT, 1845.

Le principe de l'association pour l'exécution des grands travaux publics dont la première application en France remonte cependant à une époque assez reculée (26), 1638, qui fut le point de départ de plusieurs autres concessions semblables faites dans les années 1643, 1644 et 1655, n'y avait pas jeté de profondes racines comme dans la Grande-Bretagne, qui lui doit la création de toutes ses grandes voies navigables ou ferrées. Les publicistes et les économistes étaient partagés sur les moyens d'arriver à la constitution d'un grand réseau national. Les uns insistaient pour qu'on en confiât l'exécution à des compagnies concessionnaires ; les autres persistaient à soutenir la compétence exclusive de l'État. Le capital, malgré les excitations des économistes, n'osait pas s'aventurer dans une voie encore mal éclairée ; l'État craignait d'entreprendre une opération aussi colossale dont les dépenses devaient se chiffrer par plusieurs milliards, que le crédit public ne lui paraissait pas de force à supporter.

Cependant de nombreux et puissants intérêts, la France entière, réclamaient impérieusement l'exécution d'un grand réseau de communications rapides pour écouler la sève industrielle qui débordait et qui, refoulée sur elle-même, aurait fini par étouffer la production, ou tout au moins par occasionner de douloureuses catastrophes commerciales.

Lorsqu'on se trouve en présence de plusieurs systèmes admissibles en théorie,

---

(26) Concession faite par Louis XIII, suivant lettres-patentes du mois de septembre 1638, enregistrées au Parlement le 15 avril 1639, du *canal de Briare* aux sieurs Guillaume Bouteroue et Jacques Guyon, *Receveurs alternatifs des aides et tailles et payeurs des rentes des élections de Montargis et de Beaugency*. Ce canal, commencé en 1605, fut abandonné à la mort de Henri IV, parce qu'on regardait son exécution comme très-difficile, sinon impossible à cause des alternatives de sécheresse et d'inondations auxquelles étaient sujettes les rivières du *Trizé* et du *Loing* qui devaient entrer en partie dans son système de navigation. L'acte de concession porte que le canal sera exécuté et le *Loing* rendu navigable, le tout dans quatre années, moyennant la concession à perpétuité de la propriété du canal, fonds et tréfonds, etc., et à la charge par les concessionnaires de dédommager à dire d'experts les propriétaires des terrains sur lesquels ledit canal et ses ouvrages seront établis. (*Des voies publiques en France.* — VIGNON.)

Toutes ces conditions furent exécutées par la Compagnie que formèrent les concessionnaires, — laquelle se composait de trente actionnaires,— avec une exactitude d'autant plus remarquable, que c'était en temps de guerre, et que l'État ne fit l'avance ni le sacrifice d'un denier. (*Des canaux navigables* — HUERNE DE POMMEUSE.)

Les concessionnaires assurèrent l'alimentation de leur canal en créant dans les montagnes qui séparent les bassins de la Loire et de la Seine de vastes réservoirs d'où les eaux emmagasinées vont alimenter la navigation sur l'un et l'autre versant..

mais à chacun desquels il manque une condition essentielle mais différente pour passer dans la pratique, le meilleur, le seul parti à prendre est de les fusionner ensemble et d'en former un tout que j'appellerai volontiers *tiers-système*, réunissant le plus possible de conditions pratiques essentielles. C'est ce que fit, pour les grandes lignes de chemins de fer, la loi du 11 juin 1842.

Cette loi créa les neuf premières lignes du grand réseau, en tête desquelles figure la ligne de *Paris* à la *frontière belge*, par *Lille* et *Valenciennes*, et décida que leur exécution aurait lieu par le concours de l'État, des départements *traversés* et des communes *intéressées* et de l'industrie privée, dans les formes et proportions qu'elle établissait, réservant toutefois au gouvernement la faculté de les concéder en totalité ou en partie à l'industrie privée.

Les proportions du concours étaient ainsi définies :

Aux départements et aux communes les deux tiers des indemnités de terrains et de bâtiments à occuper, lesquels devaient être avancés par l'État pour lui être remboursés ;

A l'État : 1° le tiers restant de ces indemnités ; 2° les terrassements ; 3° les ouvrages d'art et les stations ;

Enfin aux Compagnies auxquelles l'exploitation serait donnée à bail : 1° la voie de fer, y compris le ballast ; 2° le matériel et les frais d'exploitation ; 3° les frais d'entretien et de réparation des chemins, de leurs dépendances et de leur matériel.

Une somme de 125,500,000 francs était affectée à l'établissement de six de ces chemins, ou de quelques-unes de leurs parties, y compris un million 500 mille francs pour la continuation ou l'achèvement des études des grandes lignes.

Sur cette somme, 13 millions étaient imputés sur l'exercice 1842 et 29 millions 500 mille francs sur l'exercice 1843.

Telles sont les dispositions essentielles de cette loi, qui, bien qu'elle n'ait été appliquée qu'exceptionnellement, en ce qui concerne les divers concours et notamment celui des communes et des départements dont ils furent bientôt dispensés (27), n'en a pas moins imprimé le mouvement duquel est sortie la situation actuelle des chemins de fer.

(27) Loi du 19 juillet 1845.

Jusqu'à cette époque, le concours de l'État dans l'établissement des voies ferrées s'était traduit par l'étude, qu'il avait fait faire par ses Ingénieurs, de quelques grandes lignes, par l'allocation de deux crédits (28), l'un de 14 millions pour la construction du chemin de fer de *Montpellier à Nismes,* l'autre de 10 millions pour l'exécution des deux chemins de *Lille* et de *Valenciennes* à la *frontière belge* et par des prêts aux Compagnies s'élevant, à la date du 11 juin 1842, à 35,600,000 francs (29).

Mais, à partir de cette date, les créations et les concessions de chemins de fer avec ou sans subvention de l'État, indépendamment de la part de concours mise à sa charge par la loi de 1842, avec ou sans prêts, se succèdent avec une vertigineuse rapidité. Sous une forme ou sous une autre, les lois des 11 juillet 1842, 25 juillet 1843, 26 juillet et 2 août 1844, 15 et 16 juillet 1845, 21 juin et 3 juillet 1846, trois lois du 9 août 1847, ont ouvert un total d'allocations de 630 millions 700 mille francs.

Le nombre des concessions restées définitives à la fin de 1847 s'élève à trente-quatre, partagées aujourd'hui entre huit compagnies (30) ; le développement total des voies concédées définitivement du 11 juin 1842 au 31 décembre 1847 est de 3224 kilomètres et celui des voies ouvertes à l'exploitation dans le même intervalle est de 1247 kilomètres (31).

Tel est, plutôt amoindri qu'exagéré, l'inventaire des travaux publics exécutés sous le règne de Louis-Philippe Ier (32).

(28) Loi du 15 juillet 1840. Ces deux crédits s'étant trouvés insuffisants, le premier fut augmenté de 500,000 francs par une loi du 3 juillet 1846 et le deuxième de 1,435,000 par une loi du 5 avril 1844.

(29) *Situation des travaux publics* publiée par ce ministère. *Annuaire officiel des chemins de fer,* 1856-1857.

(30) *Statistique des chemins de fer* publiée par le Ministère des Travaux publics.

(31) *Idem.*

(32) Le mouvement imprimé aux voies de communication d'un autre ordre, telles que les routes départementales et les chemins vicinaux, prit aussi de grandes proportions ; mais les délibérations des Conseils généraux dans lesquels il est exprimé ne circulant guère en dehors de leurs départements respectifs, il n'a pas été possible de présenter ici la situation sommaire de ces voies.

Je crois inutile de prévenir d'ailleurs que je n'ai pas eu la prétention de donner les chiffres des dépenses totales faites dans les diverses périodes considérées, pour chaque catégorie de voies publiques, bien qu'ils n'eussent pas manqué d'intérêt, surtout par les éléments de leur composition. Ainsi j'ai passé sous silence les dépenses d'entretien et la presque totalité des

La révolution de 1848 fut comme ces commotions volcaniques qui, même lorsqu'elles ne couvrent pas le sol de ruines, arrêtent tout mouvement à la surface. *L'établissement* qu'elle fonda sur un sol hétérogène, formé par les débris *rapportés* de tous les partis, ne pouvait pas être durable. Leurs palpitations ne tardèrent pas en effet à l'ébranler et à ouvrir dans ses flancs des crevasses dont nous avons pu, jour par jour, mesurer les progrès. La peur s'empara des capitaux qui se crurent — à tort ou à raison — menacés. Ils cherchèrent leur salut dans les caves ou dans la fuite; et comme ce sont eux qui enflent les voiles de l'agriculture, de l'industrie et du commerce, leur immobilité entraîna l'immobilité générale. Les travaux privés furent donc suspendus avec une unanimité bien significative. Il fallut d'urgence venir au secours des travailleurs sans ouvrage : les ateliers nationaux furent immédiatement décrétés. Mais en voulant sauver *l'ordre social,* le *Gouvernement provisoire* perdit la *République*. (33). Neuf millions furent assignés aux travaux des routes par décrets des 3, 20 et 23 avril 1848, et 3 millions 800 mille francs, bientôt réduits d'un million, furent alloués par décret du 24 mai pour les travaux du canal de l'*Aisne* à la *Marne*. On sait le mauvais emploi de ces millions, effectué par toute sorte de gens plus ou moins étrangers aux travaux des voies publiques. Aussi un décret du 30 mai prescrivait-il de substituer le travail à la tâche au travail à la journée.

Cependant quelque grande que fût la pénurie du Trésor, les travaux publics ne furent pas absolument délaissés. Des décrets des 24 mai et 6 octobre affectèrent des crédits, montant ensemble à 5 millions 400 mille francs sur la 2ᵉ catégorie du budget, aux grosses réparations des routes *nationales*. Un autre décret du 10 juin ouvrit un crédit de 2 millions 940 mille francs pour la reconstruction des ponts de *Montereau, Lagny, Flavigny, Cognac* et *Confolens*. Même une loi du 8 novembre autorisa le Ministre des travaux publics à faire au département du *Cher* une avance de 113 mille francs sur les exercices 1848

dépenses d'un autre ordre, dites *dépenses de 2ᵉ catégorie* imputables sur la 1ʳᵉ section du budget des travaux publics. Je n'ai mentionné que celles de ces dépenses qui, par leur importance, ont été l'objet d'imputations autorisées par une loi ou par une ordonnance. Mon but a été exclusivement de donner une idée sommaire et aussi exacte que possible de la marche progressive des grands travaux publics.

(33) Journées de juin 1848.

et 1849 pour la restauration d'une de ses routes départementales, et mit une dépense de 55,700 francs à la charge de l'État.

Quatre décrets du 10 juin affectèrent des crédits d'un million à chacun des travaux de navigation ci-après, savoir :

Amélioration de la *Marne*, entre la *Seine et Dizy* ;
Canal de dérivation de la *Sauldre*, entre *Blancafort* et *Lamotte-Beuvron* ;
Prolongement du canal de la *Haute-Seine*, en amont de *Troyes* ;
Canal latéral à la *Seine*, entre *Marcilly* et *Nogent-sur-Seine*.

Le 28 novembre 1849, 2 millions, 200 mille francs furent affectés encore à l'amélioration de la *Marne*, et à la construction des canaux latéraux à la *Haute-Seine*.

Le 5 août 1851, 525 mille francs furent alloués pour acquitter les indemnités de terrains relatives à l'établissement de ces canaux et des canaux latéraux à la *Marne*.

Quant aux *ports de commerce*, on se borna à les entretenir. Je ne trouve, en fait de travaux neufs, que l'établissement, dans le port de *Marseille*, d'une *forme flottante* pour la réparation et la visite des navires ; et encore cet ouvrage fut concédé à la Chambre de Commerce de cette ville et ne fit pas sortir un centime du Trésor public.

Plus que toutes les autres voies, les chemins de fer, qui étaient presqu'en totalité dès cette époque dans le domaine industriel, ressentirent le contre-coup de la commotion de Février et subirent les conséquences de la frayeur réelle ou simulée du capital. Plusieurs compagnies se déclarèrent hors d'état de continuer l'exploitation et de faire face à leurs engagements, et sollicitèrent, soit la résiliation de leur concession, soit un prêt de l'État, soit enfin la mise sous séquestre. L'État répondit à leurs démarches en accueillant ou en imposant cette dernière solution.

C'est dans cette situation que furent placés par divers arrêtés du pouvoir exécutif :

1° Les chemins *d'Orléans* et du *Centre*, dont l'interruption de l'exploitation eût apporté de graves perturbations dans le service postal et dans celui des approvisionnements de la Capitale (4 avril 1848) ; — séquestre levé le 18 août suivant ;

2° Le chemin de *Bordeaux* à la *Teste* (30 octobre) ; — insuffisance de produits ;

3° Le chemin de *Marseille* à *Avignon* ; — hors d'état de faire face à ses engagements (21 novembre) ;

4° Le chemin de *Paris* à *Sceaux*, que l'État avait été autorisé à exploiter par une loi du 28 décembre, mis sous séquestre le 29 suivant par arrêté du chef du Pouvoir exécutif. (Séquestre levé par décret du Président de la République, du 14 novembre 1850.)

Ce qui préoccupait surtout à cette époque, et à juste titre, le Gouvernement, c'était d'assurer la continuité du travail. C'est dans ce but qu'un décret du 16 juin 1848 autorisa le Ministre des Travaux publics à prélever sur le budget des chemins de fer un crédit de 2 millions applicable à la commande de locomotives prises dans les ateliers français, à l'acquisition de voitures destinées à l'exploitation du chemin de fer de *Versailles* à *Chartres* et à l'établissement d'un petit atelier de réparations, *afin d'occuper le plus grand nombre d'ouvriers possible*. C'est autant dans le même but que dans l'intérêt de l'achèvement des voies ferrées que plusieurs lois, décrets ou arrêtés ouvrirent des crédits pour les chemins ci-après, savoir :

24 avril 1848 — Chemin de *Paris* à la frontière *d'Allemagne*, section de *Strasbourg* à *Hommarting* . . . . 2,000,000 fr.

10 juin — Chemin de *Tours* à *Nantes*. 2,000,000

17 novembre — Chemin de *Vierzon* au *Bec-d'Allier* . 800,000

Le 17 août, l'État reprit le chemin de *Paris* à *Lyon* et affecta sur le budget de 1848, à la continuation des travaux, un crédit de. 20,000,000 fr.

Le 21 avril 1849, un nouveau crédit d'un million fut affecté à l'achat de matériel pour le chemin de *Versailles* à *Chartres*.

Le 7 mai, un fonds de 14 millions 850 mille francs fut attribué à l'achèvement du chemin de *Tours* à *Nantes*, un autre de 5 millions 200 mille francs à celui du chemin de *Vierzon* au *Bec-d'Allier*, et un crédit de 371 mille francs à la liquidation des entreprises de la ligne de *Montpellier* à *Nismes*.

Une loi du 10 mai autorisa le Gouvernement à exploiter les parties terminées de la ligne de *Paris* à *Lyon*, et ouvrit à cet effet un crédit de 2 millions 500 mille francs.

Le 7 mai 1850, un nouveau crédit d'un million 700 mille francs fut affecté à l'achèvement de la ligne de *Paris* à la *frontière d'Allemagne*, section de *Strasbourg* à *Hommarting*.

Enfin, une loi du 6 août 1851 ouvrit deux crédits, montant ensemble à 6 millions, pour la continuation des travaux des deux sections de la ligne de *Paris* à *Avignon*.

Toutefois, d'autres mesures furent prises dans le but spécial d'arriver à l'achèvement des chemins de fer en cours d'exécution.

Ainsi, une loi du 6 août 1850 exonéra la Compagnie du chemin de *Tours* à *Nantes* de l'obligation de rembourser à l'État le prix des terrains et bâtiments acquis pour l'établissement de la voie de fer, et porta la durée de la concession de 34 ans 15 jours à 50 ans, mais stipula que le partage des bénéfices aurait lieu au-dessus de 6 p. 0/0 jusqu'à ce que l'État en ait retiré la somme de 7 millions 500 mille francs.

La même loi modifia également, dans l'intérêt de l'achèvement des travaux des gares, stations et ateliers restant à adjuger, qu'elle met à la charge des Compagnies, l'acte de concession du chemin de fer d'*Orléans* à *Bordeaux* ; et, pour assurer la prompte et complète exécution des deux chemins, elle exigea le versement au Trésor, en compte courant, savoir :

De la part de la Compagnie de *Tours* à *Nantes*, de 6 millions en trois termes de six mois ;

De la part de la compagnie d'*Orléans* à *Bordeaux*, de 12 millions en quatre termes de même durée.

Un décret du 13 mai 1850, pris en exécution d'une loi du 19 novembre précédent, et approuvant la convention provisoire passée le 30 avril 1850 avec la compagnie du chemin de *Marseille* à *Avignon*, stipula le remboursement à l'État, par la Compagnie, d'une avance d'un million qui lui avait été faite en 1849 et 1850.

Une loi du 13 mai 1851 autorisa la concession du *chemin de l'Ouest*, à la la condition : 1° de rembourser à l'État la valeur du matériel d'exploitation qui sera livré à la Compagnie, ladite valeur fixée à 3 millions ; 2° de verser, en compte courant, au Trésor, une somme de 2 millions portant intérêt à 4 p. 0/0 et remboursable sur justification faite par la compagnie de l'exécution de travaux pour une valeur pareille ; 3° de verser au Trésor public, jusqu'à

4

concurrence de 12 millions, les sommes nécessaires pour l'achèvement des travaux à la charge de l'État (34), restant à exécuter entre la *Loupe* et *le Mans,* dont la Compagnie serait remboursée dans les termes et conditions du cahier des charges.

Une loi du 30 juin 1851 affecta une somme de 32 millions 300 mille francs aux travaux à la charge de l'État, savoir :

1° Sur le chemin de *Tours* à *Bordeaux.* . . . . 14 600 000 fr.

2° Sur le chemin de *Paris* à *Strasbourg.* 17 700 000

Total égal. . . . . 32 300 000 fr.

Une loi *d'urgence* du 26 novembre ouvrit au Ministre des Travaux publics un crédit de 16 millions pour la continuation des travaux du chemin de fer de *Paris* à *Lyon.*

Une autre loi du 1ᵉʳ décembre, modifiée par un décret du 16 du même mois, autorisa le Ministre à procéder à la concession du chemin de *Lyon* à *Avignon,* fixa à 60 millions le maximum de la subvention de l'État, sur laquelle le rabais de l'adjudication devait porter, et ouvrit, sur l'exercice 1852, un crédit extraordinaire de 6 millions, soit pour satisfaire aux engagements pris envers la Compagnie concessionnaire, soit, au besoin, pour continuer les travaux entrepris au compte de l'État en exécution de la loi du 6 août 1851 citée plus haut.

Ce fut le testament de la République de 1848. Celle de 1851 n'en devait conserver le nom que pendant une année, qui ne fut que le préambule de l'*Empire.*

On le voit, malgré la difficulté des temps, malgré la pusillanimité du capital et la rareté du numéraire, le gouvernement républicain ne laissa point péricliter les voies publiques ; mais les concessions de chemin de fer ne prirent aucun développement, car si celle du chemin de *Versailles* à *Rennes* et du raccordement des chemins des deux rives de la Seine, accordée par décret du 16 juillet 1850 à la compagnie Stokes et Consorts, en exécution de la loi précitée du 13 mai précédent, y ajouta 378 mètres, la reprise faite par l'État, en vertu du décret du 17 août 1848, du chemin de Lyon, avait

(34) Ces travaux, en effet, ont été exécutés par l'État dans le système de la loi du 11 juin 1842.

fait sortir du total des lignes concédées une longueur de 512 mètres.

En résumé, dans cette période comme toujours, la situation des voies publiques demeura conforme aux nécessités des temps.

L'Empire, que je n'ai point à considérer ici sous le rapport de la *politique pure*, s'est appliqué particulièrement à attirer l'industrie privée, par des concessions de péage, dans l'exécution des travaux des voies de communication de tous les ordres, de manière à exonérer, dans la mesure la plus large, le Trésor public des dépenses y relatives. Empire.

Sous le Gouvernement de Juillet, les routes avaient été l'objet de soins tout particuliers. Des lacunes considérables avaient été comblées ; des déclivités excessives qui rendaient de nombreuses parties de routes inabordables ou d'une circulation onéreuse pour le roulage, remplacées, par voie de détournement ou de correction sur place, par d'autres déclivités renfermées dans d'étroites limites. Mais il n'avait pas transmis sa tâche entièrement accomplie à ses successeurs. J'ai déjà dit le motif qui en a fait abandonner l'accomplissement. Dans le département de la Somme seulement, quatre rectifications des plus importantes (35), qui avaient été arrêtées en principe et avaient été l'objet d'avant-projets ou de projets définitifs, ont été comprises dans cette élimination.

Aussi, en dehors des réparations courantes et plus ou moins extraordinaires qui s'exécutent annuellement sur les fonds de la première section, on ne peut mentionner que les rectifications pour lesquelles un crédit extraordinaire de 2 millions a été ouvert au Ministre des Travaux publics, par décret du 18 janvier 1852, et le classement d'une avenue de *Nice* à ouvrir comme prolongement de la route impériale n° 7. Un décret du 7 mars 1863 met à la charge du Trésor une dépense de 131 mille francs sur celle de 288,875 francs, à laquelle la dépense totale est évaluée. Ajoutons toutefois à ces deux crédits : 1° un crédit d'un million trois cent mille francs ouvert par un décret du 1er août 1860 pour la part de l'État dans la dépense de reconstruction du pont *Louis-Philippe* et de la passerelle de la *Cité* à Paris ; 2° un crédit de 600 mille francs

---

(35) La rectification de la pente de la route impériale n° 1er, à l'arrivée de *Poix*, celles des pente et rampe de la route impériale n° 25 à l'entrée et à la sortie de *Miannay* et celle de la même route dans la côte de *Hem*, près Doullens.

spécialement applicable, en vertu d'un décret du 17 février 1854, aux routes impériales de la Corse comprises dans la nomenclature des routes *forestières* de ce département, classées par décret du 28 mars 1852 ; 3° un crédit de 2 millions 940 mille francs destiné à pourvoir à la construction de trois nouvelles routes impériales de cette île, classées par un décret du 28 août 1862.

Deux décrets, l'un du 24 juillet 1857, l'autre du 14 décembre 1858, rendent exécutoires les conventions respectivement faites avec le *grand duché de Bade* et avec *la Sardaigne*, concernant l'établissement de ponts fixes, l'un sur le *Rhin*, entre *Strasbourg* et *Kehl*, l'autre sur le *Rhône*, pour relier les chemins de fer internationaux, un peu au-dessous de *Culoz*.

La création d'une catégorie nouvelle de routes — *les routes agricoles* — date de ce règne (36). Elle a été l'objet des décrets des 1er août 1857, 29 février 1859, 25 août 1861, 15 octobre 1861, 2 avril 1862 et 12 août 1863 concernant les départements de la *Gironde,* des *Landes,* de *l'Indre,* du *Lot-et-Garonne,* du *Loiret* et du *Loir-et-Cher (Sologne),* de *l'Ain (la Dombes)* et de la *Dordogne (la Double).* Le nombre des routes agricoles ainsi classées s'élève à *soixante-treize.* Elles ont été construites par l'État et à ses frais, sauf les indemnités de terrains et quelques terrassements laissés à la charge des départements et des communes. Le concours de l'État a été limité par les décrets précités à la somme totale de 7 millions 447 mille francs (37).

Divers décrets, savoir : un de 1854, un de 1858, trois de 1859, un de 1861, deux de 1862 et un de 1864, autorisant l'établissement de 9 ponts fixes en maçonnerie ou en fer ou suspendus, sur des routes départementales, moyennant péage et subventions diverses, tant de la part des départements et des communes intéressées, que de la part de l'État, portent le montant de ces dernières à la somme totale de 3 millions 8667 francs. Les départements qui ont participé à ces subventions sont ceux ci-après :

(36) La première création de ces routes a eu lieu à l'occasion de l'assainissement et de la mise en culture des Landes de Gascogne, décrétées par une loi du 19 juin 1857. L'article 6 de cette loi porte que, pour desservir les terrains qui font l'objet de la loi, il sera créé *aux frais du Trésor,* des routes agricoles dont *le réseau sera déterminé par décrets rendus en Conseil d'État.* Un décret du 1er août suivant a déclaré d'utilité publique l'ouverture de *dix* de ces routes dans la *Gironde* et de *douze* dans les *Landes,* et en a concédé l'exécution à la Compagnie des chemins de fer du *Midi,* moyennant une subvention de *quatre millions.*

(37) Non compris les 4 millions affectés par le décret du 1er août 1857 à la construction des routes agricoles des landes de Gascogne.

Ardèche, 20,000 francs ; *Tarn-et-Garonne* (deux ponts suspendus) ,80,000 ; *Seine-et-Marne*, 40,000; *Isère*, 36,667 ; *Indre-et-Loire*, 40,000; *Hautes-Alpes*, 22,000 ; *Côtes-du-Nord* (Pont fixe avec travée mobile), 40,000 ; *Corrèze*, 30,000.

La ville de *Lyon*, en rachetant, en vertu de la loi du 14 mai 1859, les droits de la compagnie concessionnaire des ponts sur le *Rhône*, donna un exemple excellent, que le Gouvernement s'empressa d'imiter.

Le 6 octobre 1860, il affectait, par un décret, une somme de 5 millions cent mille francs au rachat des péages des ponts *Saint-Clair*, *Morand*, *Lafayette*, de *l'Hôtel-Dieu*, et de la passerelle du *Collége*, établis sur le *Rhône* à *Lyon*.

Une autre loi du 12 juillet 1865 affecte une somme de 2 millions quatre cent mille francs au rachat du péage de *douze* autres ponts de la même ville établis sur la *Saône*, le *Rhône* et la *Lône* de la *Vitriolerie*.

Une loi du 6 juillet 1862 pose le principe du rachat du pont de *Bordeaux* sur la *Garonne* et du pont de *Trilport* sur la *Marne* : Un décret du 20 mai 1863 affecte respectivement à ces rachats les sommes de 5 millions 221,730 francs et de 262,258 francs.

Enfin des décrets des 1er novembre 1860, 6 juillet 1862, 23 mars 1864, 26 août 1865 ont fixé au chiffre total d'un million 203,210 francs la part du concours de l'État dans le rachat du péage de quatre ponts suspendus dépendant de routes départementales dans les départements de *l'Ain* et de *la Savoie*, de *l'Allier*, du *Rhône* et de la *Corrèze*.

Le Gouvernement de Juillet, on se le rappelle, avait consacré des sommes considérables au développement et à l'amélioration de la navigation intérieure. Cette partie importante de la richesse publique immobilière, sans être parvenue à l'état définitif, se trouvait, à la naissance de l'Empire, dans une situation relativement florissante. Il n'y avait plus en quelque sorte qu'à terminer les travaux entrepris à cette époque et à abandonner à l'industrie privée les voies nouvelles dont ses propres progrès réclameraient l'ouverture. Enfin il y avait encore à mettre la batellerie en état de soutenir la concurrence que lui faisaient déjà les chemins de fer, en diminuant, ou en supprimant les obstacles matériels ou fiscaux qui exercent une influence fâcheuse sur les prix des transports par eau.

De là quatre ordres de mesures qui furent prises concurremment par le Gouvernement, savoir :

1° Affectation de fonds aux travaux commencés et poursuivis par l'État ;

2° Exécution de travaux sur avances faites au trésor ;

3° Concession de travaux moyennant péage ;

4° Enfin rachat des anciennes concessions.

§ 1er. — Les fonds affectés aux travaux de navigation à la charge de l'État, non compris les crédits portés annuellement au budget ordinaire, du 1er janvier 1852 à ce jour, sont à peu près répartis ainsi qu'il suit (38) :

DATES DES LOIS OU DÉCRETS	DÉSIGNATION DES TRAVAUX	ALLOCATIONS
15 janvier 1852	Amélioration de la navigation de la *Seine* . .	2,800,000 fr.
Id.	Id. du *Rhône*, d'*Arles* à la mer. . .	1,500,000
24 mars 1860	Achèvement de l'amélioration de la *Marne* entre *Dizy* et la *Seine*	9,500,000
28 juillet 1860	Construction de 9 barrages sur la *Seine* entre *Paris* et *Montereau*.	6,000,000
21 juillet 1861	Achèvement du canal de *Roubaix*.	5,000,000
27 juillet 1861	Construction du canal de *Vitry* à *St-Dizier* (39).	5,000,000
Id.	Amélioration de la navigation de la *Seine* au passage de *Martot*	2,400,000
15 octobre 1861	Amélioration dans le canal de la *Somme*. . .	665,000
29 mars 1862	Prolongement du canal de la *Haute-Seine* en amont de *Troyes*	1,400,000
	Total.	34,265,000 fr.

(38) Ces renseignements ayant été extraits à la hâte des Annales des Ponts et Chaussées, peuvent ne pas être complets. Ils sont suffisants pour le but que je me propose ici, lequel est, non pas de composer une histoire des voies publiques de la France, mais simplement de donner une idée sommaire de la marche qu'elles ont suivie depuis l'origine de la monarchie jusqu'à nos jours. Je prie le lecteur de retenir cette observation qui porte sur toutes les divisions de cette esquisse et sur laquelle par conséquent je ne reviendrai pas.

(39) Une loi du 15 avril 1862 a autorisé le Ministre à accepter une avance de 1,600,000 francs, offerte par les maîtres de forges.

§ 2. — La ville de *Colmar* ayant offert d'avancer à l'État une somme de 11,800,000 francs pour l'exécution d'un canal *des houillères de la Sarre*, d'un embranchement du canal du *Rhône au Rhin*, dirigé sur *Colmar*, et pour l'achèvement de l'embranchement des *Salines* et de la ville de *Dieuze* au canal *des houillères de la Sarre*, son offre fut acceptée par une loi du 20 mai 1860 ; — le 14 juillet 1861 une convention diplomatique avec la *Prusse* régla le prolongement de ce canal jusqu'à *Louisenthal*.

Une loi du 15 avril 1865 a autorisé le Ministre des travaux publics à accepter l'offre d'une avance de 1,500,000 francs faite par les maîtres de forges pour l'exécution du canal de *Vitry* à *Saint-Dizier*, autorisée par la loi du 27 juillet 1861.

§ 3. — Les travaux ci-après ont été adjugés à diverses compagnies moyennant péage :

DATES DES LOIS OU DÉCRETS.	DÉSIGNATION DES TRAVAUX.
22 mars 1856	Ouverture d'un canal entre *Seclin* et la *Deûle ;*
9 mars 1859	Coupure entre la *Saône* et des terrains de *Vaisse*, pour l'établissement de ports ;
17 avril 1861	Ouverture d'un canal entre *Neux* et le canal d'*Aire* à *la Bassée ;*
3 avril 1862	Établissement d'un canal entre la *Haute-Deûle* et le chemin de *Harnes* à *Hénin-Liétard* (Pas-de-Calais) ;
3 mai 1865	Établissement d'un canal de navigation entre *Machecoul* et *Saint-Même* (Loire-Inférieure).

§ 4. — Des lois des 21 janvier 1852, 22 juillet et 1er août 1860 posèrent le principe du rachat des anciennes concessions.

Celle du 3 mai 1853 fixa ainsi qu'il suit les prix du rachat du canal du *Rhône au Rhin*, du *canal de Bourgogne*, et des droits de la Compagnie dite des *Quatre canaux*, savoir :

Canal *du Rhône* au *Rhin* . . . . 7 880 742 fr.

— de *Bourgogne* 6 000 000

Quatre canaux 9 800 000

Huit décrets du 20 mai 1863 fixèrent les indemnités de rachat ci-après, savoir :

Canal d'*Orléans*. .

— du *Loing* . } 16 000 000

— de la *Somme, Manicamp, Ardennes*

— latéral à l'*Oise* et *Oise canalisée* . . } . . 14 809 900

— d'*Aire* à la *Bassée* 9 442 050

— de *Briare* 5 264 859

— de *Roanne* à *Digoin*. 4 150 000

— de la *Sensée* 3 873 638

— d'*Arles* à *Bouc*. 343 340

Écluse d'*Iwuy* sur l'*Escaut*. 2 003 024

Total des indemnités de rachat. . . . . . 79 567 553 fr.

NOTA : Ces indemnités sont payées par annuités au nombre de *trente*, sauf en ce qui concerne les deux dernières, qui doivent être remboursées en *huit* annuités.

Cette mesure est la plus importante de toutes celles qui ont été prises par le Gouvernement actuel, en ce qui concerne les canaux. On peut dire qu'elle est à leur égard une seconde ouverture.

Les ports maritimes de commerce ont reçu aussi, depuis le 1er janvier 1852, des améliorations et des développements importants, auxquels ont été employées des ressources analogues à celles des trois premiers paragraphes relatifs à la navigation intérieure.

Je n'en donnerai point ici la longue et fastidieuse nomenclature. Je me bornerai à dire qu'en vertu de 19 actes législatifs ou administratifs portés du 15 janvier 1852 au 14 juillet 1865, il a été consacré à cet objet, indépendamment des fonds ordinaires, 110 millions 821,500 francs, dont 9 millions 200 mille francs avancés par les villes de Rochefort, de Brest et du Hâvre, et auxquels ont pris part seize ports, tant du continent que de l'Algérie et des Colonies.

D'un autre côté, 9 décrets, rendus du 25 octobre 1854 au 27 novembre 1864, ont concédé, moyennant péage, divers travaux secondaires intéressant six ports.

A la veille des journées de février 1848, le développement des chemins de fer concédés était de 4026 kilomètres, sur lesquels 1838 kilomètres seulement étaient livrés à la circulation. Au 1er décembre 1851, la longueur exploitée s'était élevée à 3542 kilomètres; c'est-à-dire qu'elle avait presque doublé. Mais le développement des concessions n'avait fait aucun progrès. Il s'était au contraire vu réduire par la reprise, à la compagnie concessionnaire, de la ligne de Paris à Lyon. On jugera de la rapidité des progrès que ces voies ont accompli depuis cette dernière date par ce simple énoncé :

Au 31 décembre 1865, les concessions définitives avaient un développement de 20,392 kilomètres, sur lesquels 13,570 étaient livrés à l'exploitation.

Indépendamment de ces concessions *définitives* réunies aujourd'hui entre les mains de 29 Compagnies, il a été fait à *titre éventuel*, de 1852 à 1866, (40) tant à six de ces compagnies qu'à quatre nouvelles, *soixante-dix-huit* concessions de petites lignes, embranchements, prolongements ou raccordements qui, déduction faite de celles qui sont restées sans effet, de celles qui sont devenues définitives et d'une ligne *d'Angoulême* à *Limoges*, dont la longueur est encore indéterminée, mesurent ensemble 608 kilomètres.

Le développement des chemins *industriels* concédés s'élevait en outre au 31 décembre 1865 à 169 kilomètres, dont 139 livrés à l'exploitation.

Ainsi, à cette dernière date, la longueur totale des chemins de fer concédés, soit à titre définitif, soit à titre éventuel, soit comme chemins industriels, était de 21,169 kilomètres — près des 6/10es du développement actuel de nos routes impériales — sur lesquels, 13,718 kilomètres, c'est-à-dire, à moins d'un vingtième près, le développement des grands chemins de la France, à la fin du règne de Louis XIV, étaient livrés à l'exploitation.

On comprend que les lignes originelles qui forment ce vaste développement, dont le nombre était de 168, constituées par l'agrégation successive de sections, au nombre total de 326, devaient présenter entre elles des différences

(40) Les concessions à *titre éventuel* sont celles faites sous la réserve de la déclaration ultérieure d'utilité publique après l'accomplissement des formalités prescrites par la loi du 3 mai 1841, à l'égard de celles de ces lignes qui en sont l'objet.

notables quant aux produits. Les unes étaient florissantes, tandis que d'autres faisaient à peine leurs frais ; plusieurs d'entre elles même, que les populations entièrement délaissées de ces voies réclamaient avec toute la puissance et l'autorité que donnent le droit à l'existence et les principes de la justice distributive, n'auraient jamais pu être exécutées dans des conditions rémunératrices pour des concessionnaires.

L'équité exigeait cependant que ces populations qui avaient contribué, dans la mesure de leurs ressources financières, à l'établissement des grandes lignes, eussent une part dans les avantages que procurent ces voies aux contrées qui en sont dotées.

Il y avait sans doute plusieurs moyens de leur donner une satisfaction légitime. Celui qui a prévalu emprunte un élément à chacune des solutions possibles, absolument comme la loi du 11 juin 1842, en leur donnant toutefois une autre forme.

Je n'entrerai pas dans la description des rouages assez compliqués du mécanisme des conventions passées entre les grandes Compagnies de chemins de fer et le Ministre des Travaux publics et sanctionnées par les lois des 11 juin 1859 et 11 juin 1863, en ce qui concerne les engagements qu'elles mettent à la charge du Trésor. Je me bornerai à renvoyer à cet égard au discours prononcé le 27 juin 1863 par M. de Franqueville, Directeur général des Ponts-et-Chaussées et des Chemins de fer, devant le Corps Législatif, en réponse à M. Garnier-Pagès, dans lequel ce mécanisme est clairement exposé.

Ces conventions, en général, modifient les conventions précédentes en vertu desquelles s'étaient effectuées les premières fusions qui avaient constitué les Compagnies telles qu'elles existaient alors, en ce sens que les lignes qui forment l'ensemble de chaque concession sont classées dans deux réseaux distincts : Le premier, ou l'ancien réseau, comprenant les concessions primitives, celles dont les produits sont largement ou tout au moins suffisamment rémunérateurs ; le second, ou le nouveau réseau, composé des lignes moins productives ajoutées ultérieurement aux premières concessions.

Les conventions approuvées par la première des lois énoncées plus haut garantissent aux Compagnies, pendant cinquante ans à partir du 1er janvier 1863, l'intérêt à 4 pour cent et l'amortissement calculé au même taux et pour le même terme, du capital affecté tant au rachat qu'à la construction du nouveau réseau ; ce qui représente un intérêt annuel de 4,65 p. 0/0.

Elles fixent pour ce capital un maximum qui, dans aucun cas, ne doit être dépassé (41) et définissent les bases du partage des bénéfices entre l'État et les Compagnies, stipulé par les conventions primitives, les éventualités et les époques à partir desquelles ce partage commencera à s'exercer.

Cinq lois, à la même date du 11 juin 1863, approuvent également, en ce qui concerne les engagements du Trésor, les conventions passées par le *Ministre des Travaux publics* (42) avec les Compagnies de *l'Est*, de *Paris à*

---

(41) Ces chiffres sont pour l'ensemble des Compagnies *d'Orléans*, du *Paris-Lyon-Méditerranée*, du *Nord*, de *l'Est*, de *l'Ouest* et du *Midi*, savoir :

Pour les concessions à titre définitif	2,483,500,000 fr.
Id. à titre éventuel	615,500,000
Total	3,101,000,000 fr.

(42) Ces conventions portent concession soit à titre définitif, soit à titre éventuel, savoir :

A la Compagnie de *l'Est :* 1° définitivement, de dix lignes, moyennant 62,800,000 francs de subvention, soit en espèces, soit en travaux, avec faculté par le Gouvernement, à la date du 1er mai 1863 et avant le paiement du premier terme de la subvention, de la convertir en 90 annuités en représentant l'intérêt et l'amortissement, calculés au taux de 4, 5 pour 0/0, payables en deux termes égaux, le premier mai et le premier novembre de chaque année, se réservant d'ailleurs de renoncer à ce mode de libération avant le 1er mai 1869, en payant la portion de la subvention restant due à la Compagnie en termes égaux payables aux mêmes dates et dont le dernier écherrait le 1er novembre 1872 ;

2° Éventuellement, de trois nouvelles lignes, moyennant une subvention de 3 millions payable dans les formes et conditions ci-dessus ;

A la Compagnie de *Paris à Lyon et à la Méditerranée :* 1° définitivement, de 16 nouvelles lignes et de l'exploitation du chemin de *Cette à Marseille*, moyennant une subvention de 14 millions pour 9 de ces lignes et le droit aux subventions locales résultant d'engagements antérieurs ;

2° Éventuellement, de 9 nouvelles lignes, moyennant une subvention de 73.800,000 francs applicable à cinq d'entre elles, lesdites subventions payables dans les mêmes formes et conditions que celles accordées à la Compagnie de l'Est, avec la différence que le nombre des annuités est fixé à 92 ;

A la Compagnie du *Midi*, définitivement, de cinq nouvelles lignes, moyennant, une subvention de 57 millions, indépendamment de 1.500,000 francs de travaux exécutés par l'État, avec les mêmes facultés pour le Gouvernement que dessus, en ce qui concerne le mode et les conditions de paiement ;

A la Compagnie de *l'Ouest*, définitivement, de 4 nouvelles lignes, moyennant une subvention de 21,300,000 francs payable comme dessus.

Toutes ces lignes nouvelles sont comprises dans le *nouveau* réseau, à l'exception de la gare de marchandises de Marseille (Compagnie du Midi) et de ses raccordements avec les gares de la Compagnie de la Méditerranée qni sont compris dans *l'ancien* réseau de la Compagnie du Midi.

Lyon et à la Méditerranée, de *l'Ouest* et du *Midi*, et par le *Ministre de la Guerre* (43) avec la Compagnie de *Paris à Lyon et à la Méditerranée*, concernant les chemins de fer *algériens*.

J'ai déjà dit que l'ensemble des lignes formant le réseau national français se trouve réparti entre *vingt-neuf* Compagnies. La répartition en est faite fort inégalement. J'ai tenu surtout à donner une idée de l'importance des six grandes Compagnies et des principales données de leurs concessions au point de vue des voies et moyens concernant l'exécution. Elles possèdent en effet près des 19 vingtièmes du réseau concédé — 19,489 kilomètres sur 21,000 kilomètres concédés à titre *définitif* ou *éventuel*—. Le surplus de 1,511 kilomètres se trouve donc partagé entre *vingt-trois* Compagnies ; ce qui donne pour chacune d'elles une concession de moins de 66 kilomètres de longueur moyenne. Il n'entre pas dans le plan de cet écrit de donner aucun détail sur les conditions de la formation de ces Compagnies et de l'exécution de leurs concessions, celles-ci ayant le plus souvent un caractère d'intérêt local ou privé. Il est temps d'ailleurs de clore cette notice déjà trop longue.

Il me reste seulement à signaler le fait capital — dans l'histoire des voies publiques de la France — du règne de l'Empereur Napoléon III : je veux dire la loi du 12 juillet 1865 qui crée les chemins de fer d'*intérêt local* et les voies et moyens pour parvenir à leur exécution. Cette loi est, par rapport à l'Empire, ce qu'a été, par rapport au Gouvernement de Juillet, la loi du 21 mai 1836 sur les chemins vicinaux. On a voulu, à tort selon moi, voir entre ces deux grands actes législatifs une analogie complète. Cette opinion s'est formée d'après les circonstances qui ont entouré l'origine des premiers chemins de fer de cette catégorie. Mais la loi rectifiant les idées à cet égard a repoussé la dénomination de *chemins de fer vicinaux*, qui avait été donnée primitivement à ces voies, et les a baptisées du nom plus élastique de *chemins de fer d'intérêt local*,

(43) Cette convention stipule la rétrocession ou la concession des chemins de fer *algériens* à la Compagnie des chemins de fer de *Paris à Lyon* et à la *Méditerranée*, moyennant : 1° une subvention de 80 millions imputable sur le budget du Ministère de la *guerre* et payable dans les mêmes formes et conditions que les subventions accordées aux Compagnies du *Midi* et de *l'Ouest* ; 2° la garantie, pendant soixante et quinze années, à partir du 1er janvier de l'année qui suivra la mise en exploitation des chemins de fer *algériens*, d'un intérêt de 5 pour 0/0, amortissement compris, du capital affecté au rachat et à la construction desdits chemins, lequel capital ne pourra en aucun cas excéder, pour l'ensemble de ces chemins, la somme totale de 80 millions.

qui se prête mieux à la diversité des circonstances et des destinations. C'est l'application de cette loi au département de la *Somme* qui est l'objet du travail qui va suivre (44).

En résumant la notice qui précède, on voit s'en exprimer la démonstration de ce théorème économique énoncé en tête, qu'à chaque époque de notre histoire, les voies de communication et la prospérité publique ont marché d'un pas égal ; de sorte qu'on peut bien dire à un peuple : *Dis-moi quelle est la situation de tes voies publiques, et je te dirai qui tu es.*

Les départements de l'*Alsace* ont pris l'initiative de l'établissement de voies locales de communication rapide. Il était facile de prévoir que leur exemple trouverait de nombreux imitateurs et que le Gouvernement serait amené d'ailleurs, par la force des choses et par la nécessité, à donner satisfaction aux vœux des populations dès longtemps déjà manifestés, sinon à prendre la direction du mouvement naissant, du moins à préparer un ensemble de mesures propres à faciliter l'exécution des voies de cet ordre dans les localités qui y trouveraient des avantages suffisants et bien démontrés.

Chemins de fer d'intérêt local.

Le département de la *Somme*, par la configuration de sa surface qui se prête presque partout à l'établissement économique de lignes peu déclives, par la richesse de son sol, l'importance et la variété de ses cultures, par les développements de son industrie et les relations qui en sont la conséquence, m'avait

Topographie et hydrographie du département de la Somme.

---

(44) Il n'est pas sans intérêt de faire connaître la situation des diverses voies publiques. On a déjà vu que les chemins de fer concédés avaient, au 31 décembre 1863, un développement total de 21,169 kilomètres, dont 13,718 kilomètres en exploitation ; mais, pour avoir la situation générale de la totalité des voies publiques à la même époque, je choisirai la date du 31 décembre 1861. A cette époque, les voies ferrées concédées définitivement ou éventuellement, y compris les voies industrielles, avaient un développement total de . . . . 21,048 k., dont 13,183 k. livrés à l'exploitation ;

Le développement des routes impériales
était de 37,846   id. 37,846
Celui des rivières navigables, de. . . 10,643   id. 10,643   } à l'état d'entretien
Id.   des canaux, de 4,200   id. 4,200   complet ;
Id.   des routes départementales, de 36,920   id. 36,920
Id.   des routes agricoles 1,451   id. 982

112,108 k., id. 103,774 k. livrés à la circulation.

J'ajouterai qu'au 31 décembre 1861 le développement des chemins vicinaux de toutes les catégories était de 536,125 kilomètres, dont 218,754 kilomètres à l'état complet d'entretien.

toujours paru devoir tenir l'un des premiers rangs parmi ceux auxquels les voies ferrées sont appelées à rendre d'importants services. Le combustible minéral, qui est l'âme de l'industrie moderne et dont la consommation peut être prise pour la mesure de la prospérité publique, est à sa portée presque tout le long de sa lisière septentrionale. L'on dirait qu'il n'a qu'à étendre la main pour s'en saisir, et cependant, à part les contrées riveraines du canal de la *Somme*, peu de localités peuvent profiter des avantages du voisinage des houillères du *Pas-de-Calais* et du *Nord*. Ce qui le prouve, c'est que l'accroissement annuel moyen de la consommation de la houille, qui est depuis 1818, pour la France entière, de 0,272, n'a été pour la *Somme*, malgré le bénéfice exceptionnel de sa position, pour la période de 9 ans commençant au 1ᵉʳ janvier 1856 et finissant au 31 décembre 1866, que de 0.055 — à peine le cinquième de l'accroiscroissement général (45). Ce fait est évidemment la révélation d'une entrave qu'il est urgent de faire disparaître.

Ma conviction à cet égard était telle que, prévoyant que le Conseil général de la *Somme* ne tarderait pas à être mis en demeure de se prononcer sur la question d'établissement d'un réseau local de chemins de fer, je crus devoir donner, dès le 1ᵉʳ avril 1865, des instructions à mes collaborateurs à l'effet de recueillir les documents propres à éclairer ce corps sur les dispositions d'ensemble du réseau le mieux approprié à la production du pays et à ses relations, tant avec les principaux centres de consommation qu'avec les départements limitrophes.

MM. les Ingénieurs se sont acquittés de cette mission avec le zèle et le dévouement qu'on leur connaît, et, grâce à eux, je fus en mesure de soumettre à titre officieux (46) à M. le Préfet de la Somme une notice sommaire dans

---

(45) La consommation de la houille s'est accrue en France (*voir* la note 19) de 15,653,948 tonnes en 46 ans, soit de 0 t. 34 par an en moyenne, ou les 0,272 de la consommation initiale de la période, 1,246,052 tonnes. D'après le rapport de la Chambre de commerce de *Mons* sur la situation du Commerce, de l'Industrie et de l'Agriculture en 1864 (*Mons*, 1866), le département de la *Somme* qui consommait, en 1856, 1,803,750 quintaux métriques de houille, ne consommait encore, en 1864, que 2,705,310 quintaux métriques de ce combustible ; ce qui ne donne qu'un accroissement annuel de 100,173 quintaux métriques, ou des 0,055 de la consommation initiale (*).

(46) N'ayant reçu aucune instruction de l'Administration supérieure ni aucune mission de M. le Préfet, l'initiative que je prenais personnellement n'autorisait de ma part qu'une communication purement officieuse.

(*) En 1865, la consommation s'est accrue de 212,790 quintaux métriques, soit 21,279 tonnes.

laquelle était décrit et justifié le réseau ferré qui paraissait convenir le mieux à la topographie industrielle et agricole du pays.

Pendant que cette étude succincte s'accomplissait, la loi du 12 juillet 1865 donnait une existence légale à ce nouvel ordre de voies de communication, et je pus me féliciter de mon initiative, en ce sens qu'elle mettait M. le Préfet en mesure de fournir au Conseil général, dans la session de la même année, quelques utiles éléments de ses délibérations pour le cas où il jugerait à propos de les faire porter sur cet objet important et plein d'actualité. Mes prévisions se réalisèrent, et le Conseil général, avec la sagesse et la largesse de vues qui le caractérisent, vota, sans toutefois préjuger en rien le fond de la question, un emprunt de 61,600 francs destiné à pourvoir aux frais de l'étude des avant-projets des lignes indiquées dans ma notice précitée.

M. le Préfet voulut bien confier cette tâche importante au service des Ponts-et-Chaussées ; et, par une lettre du 30 août 1865, il m'invita à procéder immédiatement et avec la plus grande célérité à l'étude des lignes signalées dans la délibération prise par le Conseil général dans sa séance du 25 août, laquelle étude devait s'étendre à *toutes les variantes* qui avaient été *proposées* dans le cours de la discussion et *comprendre tous les détails techniques d'établissement, de largeurs différentes et de construction desdites lignes.*

Cette étude est terminée. Chaque ligne est l'objet d'un dossier spécial contenant une carte topographique à l'échelle d'un quatre-vingt millième, un plan général, un nivellement en long, une feuille de profils en travers types, un rapport ou mémoire de l'Ingénieur ordinaire et l'avis particulier de l'Ingénieur en chef. Une carte du département de la *Somme* s'étendant, hors de ses limites, sur les départements qui l'entourent, montre la disposition de l'ensemble du réseau et complète avec le présent l'étude demandée.

Avant d'entrer dans l'examen du réseau, il me paraît utile de jeter un coup d'œil sur la topographie du département et de faire connaître en peu de mots sa puissance dynamique et celle de sa production agricole.

Le département de la *Somme* a la figure d'un hexagone irrégulier qu'une de ses *diagonales* — celle menée de *Mers* (limite de la Seine-Inférieure, en face du *Tréport*) au point situé au *Sud-Est* de *Ham*, où se coupent les limites des départements de la *Somme*, de l'*Oise* et de l'*Aisne* — partage en un *parallélogramme* presque *rectangle*, dont les longs côtés sont dirigés de l'*Ouest-Nord-*

Ouest à l'*Est–Sud–Est*, et un trapèze ayant, pour une de ses *bases* parallèles, la *diagonale* précitée, l'autre *base* étant la limite de l'*Oise*.

Sa superficie est de 6,161 kilomètres carrés et 20 centièmes.

Sous le rapport *hydrographique*, le département se trouve circonscrit sur trois de ses côtés par trois *thalwegs* qui en font une sorte de presqu'île intérieure, savoir : à l'*Ouest* par le rivage de la *Manche*, au *Nord–Nord–Est* par la rivière d'*Authie* (47) et au *Sud–Sud–Ouest* par la *Bresle*, prolongée en remontant, par le *Liger* (48).

La rivière de *Somme* est comme une *médiane* entre ces deux derniers *thalwegs* jusqu'à *Amiens*. A l'amont de cette ville, elle se redresse vers l'*Est–Nord–Est*, formant avec le *méridien* un angle presqu'égal à celui que forme avec lui la partie précédente, à l'aval d'*Amiens*, jusqu'à *Péronne*, où elle s'infléchit brusquement vers le *Sud* et successivement vers Sud–Sud–Est, Sud–Est, Est, Est–Nord–Est, où elle rencontre la limite de l'*Aisne* (49). Son parcours dans le département est de 164 kilomètres 3/4 (50).

Cette même rivière se prolonge presqu'en ligne droite, à l'amont d'*Amiens*, par la vallée de l'*Avre* et celle des *Trois–Doms*, à partir de *Pierrepont*, et remonte par ces affluents vers la limite de l'*Oise* après avoir baigné le pied de *Montdidier*.

Ces trois vallées presque parallèles ne sont pas les seules qui débouchent directement dans la *Manche* ; mais elles accusent les trois principales dépressions de la surface du département. On remarquera d'ailleurs que leur direction satisfait mieux que celle de la plupart des fleuves et rivières de la *France*, notamment de l'*Adour*, de la *Garonne*, de la *Loire* et de la *Seine*, aux lois de la *gravité*, en ce sens qu'elle est presque rectiligne et perpendiculaire à la rive du *thalweg* général, l'*Océan*, et suit par conséquent, depuis l'origine, la *ligne de plus grande pente.*

(47) La longueur de la partie de cette vallée, située dans le département de la Somme, est de 83 k. 87.

(48) La longueur de la partie de cette vallée, qui sert de limite aux départements de la Somme et de la Seine-Inférieure, entre la limite aval de la commune d'Oust-Marais et la limite amont de la commune de Gauville, est de 42 k. 5. Celle du Liger est de 13 k. 2.

(49) Cette rivière est longée depuis Saint-Simon (Aisne) jusqu'à Bray par un canal de navigation qui en est dérivé, et qui, à ce point, rentre dans son lit jusqu'à Abbeville, où le canal, à son tour, jusqu'à la baie de la Somme, reçoit dans son lit la rivière.

(50) La rivière d'Avre jusqu'à l'embouchure des Trois-Doms, augmentée du parcours de celle-ci dans le département, a 47 k. 37 de développement.

Parmi les autres cours d'eau qui se rendent directement dans la *Manche*, le plus important est la rivière de la *Maye*, dont la direction se compose d'éléments à très-peu près parallèles aux éléments correspondants de l'*Authie* (51). En dehors de cette rivière, ce ne sont que petits filets d'eau insignifiants, canaux d'égouttement, affluant plutôt dans le large *thalweg*, dont l'épanouissement forme la baie qui a pris le nom de la rivière de *Somme*, que directement dans la mer proprement dite.

Ces quatre bassins principaux ont un nombre considérable d'affluents, dont quelques-uns ont une véritable importance (52). Ceux qu'il convient de distinguer sous ce rapport sont, savoir : de l'amont à l'aval pour la *Somme*, — rive droite :

L'*Omignon*, la *Cologne*, la *Tortille*, l'*Ancre*, l'*Hallue*, la *Nièvre* et le *Scardon;*

Rive gauche :

La rivière d'*Ollezy*, la *Beine*, la rivière d'*Allemagne*, l'*Ingon*, l'*Avre*, la *Selle*, la rivière de *Poix*, le *Saint–Landon*, les rivières d'*Airaines*, de *Mareuil* et d'*Amboise ;*

Pour l'*Authie* — rive droite :

La *Grouches* et le ruisseau de *Courcelles ;*

Rive gauche :

La *Gézaincourt ;*

Pour la Bresle — rive droite :

Le *Liger*, dont il a été parlé, la rivière de *Vimeuse.*

Nota : — La rive gauche appartient au département de la *Seine-Inférieure.*

On est porté à penser, d'après ce qui précède, que le relief du département de la *Somme* a été formé par de grands courants venus de l'Est-Sud-Est, qui, n'ayant pas trouvé de résistance dans la nature du sol qu'ils ont profondément labouré, sont arrivés s'éteindre dans le *grand bassin* par la ligne la plus courte. Les *observations géologiques concourent à rendre très-grande la probabilité de cette opinion* (53).

---

(51) Son développement dans la *Somme* est de 34 ᵏ 73.

(52) On en compte 246 dans le département.

(53) *Esquisse géologique du département de la Somme*, par Ch. Jʰ Buteux, Abbeville 1864.

Cet ensemble hydrographique résultant des érosions produites par les grands courants dans des terrains généralement crayeux, n'a laissé subsister, à part quelques petites plaines sans étendue, que trois grandes plaines : Le *Santerre*, entre la *Somme* et l'*Avre* prolongée par les *Trois-Doms* ; le *Vimeu*, entre la *Somme,* la *Manche* et la rivière d'*Airaines*, et le *Ponthieu*, vaste parallélogramme renfermé entre la *Manche*, la *Somme*, la *Nièvre* et l'*Authie*.

Bien que le département de la *Somme* soit considéré comme un pays de plaine, on voit que sa superficie ne doit pas être dépourvue d'accidents. En effet, ses *altitudes* occupent une échelle assez étendue, depuis le *niveau moyen de la mer* — altitude. O — jusqu'au plateau de *Gauville*, canton de *Poix*, situé sur la croupe du contre-fort entre la *Bresle* et le *Liger* — altitude, 207 mètres —.

Telle est l'assiette générale du département de la *Somme*.

Sa population, suivant le recensement de 1861 (décret du 11 janvier 1862), est de 572,646 habitants, ou de 92.94 par kilomètre carré ; ce qui place le département au 12ᵉ rang au point de vue de la population.

Forces productives du département.

La topographie d'un pays a une importance de premier ordre pour l'établissement des grandes voies de communication. Ses productions de toute nature sont des éléments d'appréciation de leur utilité.

Je n'ai pu me procurer aucun renseignement satisfaisant sur la production industrielle du département de la *Somme*. J'ai été plus heureux en ce qui concerne les produits directs du sol, sur lesquels j'ai obtenu de l'obligeance de M. Thuilliez, professeur d'agriculture à Amiens et chef de bureau à la Préfecture, des données pleines d'intérêt, que je me borne à transcrire purement et simplement, sauf leur traduction en tonnes de mille kilogrammes.

1° Céréales.

100 000 hectares cultivés en froment, à raison de
1 ᵗ 350 par hectare . . . . . . 135 000 ᵗ

70 000 hectares cultivés en méteil, à raison de
1 ᵗ 224 par hectare 85 680

20 000 hectares cultivés en seigle, à raison de
1 ᵗ 120 par hectare 22 400

A reporter. . . . . . 243 080 ᵗ

Report. . . . . 243 080ᵗ·

25 000 hectares cultivés en orge, à raison de
    1 ᵗ· 550 par hectare 38 750

100 000 hectares cultivés en avoine, à raison de
    1 ᵗ· 204. . . . . 120 400

(54)
402 230

2· Graines oléagineuses.

25 000 hectares cultivés en colza, œillette, navette, cameline,
    à raison de 0 ᵗ· 910 par hectare 22 750

3· Plantes textiles, — graines et filasses.

30 000 hectares cultivés en chanvre	graines, à raison de 0 ᵗ· 400 par hectare filasses, à raison de 0 ᵗ· 850 par hectare.	25 500	
6 500 hectares cultivés en lin	graines, à raison de 0 ᵗ· 600 par hectare filasses, à raison de 0 ᵗ· 600 par hectare	7 800	33 300

4° Racines et légumes.

10 000 hectares cultivés en pommes de terre, à
    raison de 8 ᵗ· 000 par hectare . . . 81 000

5 000 hectares cultivés en carottes, navets, etc.,
    à raison de 24 ᵗ· 000 par hectare. . . 120 000

10 000 hectares cultivés en betteraves (55), à rai-
    de 35 ᵗ· 000 par hectare 350 000

551 000

A reporter. . . . . 1 009 280ᵗ·

---

(54) Ce tonnage correspond à 6,735,000 hectolitres ; c'est plus du trentième de la production en céréales de la France entière, qui est évaluée de 190 à 200 millions d'hectolitres.

    La consommation en céréales n'étant que de 4,200,000 hectolitres, il reste 2,535,000 hec-
tolitres, c'est-à-dire plus d'un tiers pour l'exportation, soit un tonnage annuel de 154,500
tonnes.

(55) Les plaines du département sont éminemment propres à la culture de la *betterave*. La
cherté du combustible s'oppose seule à l'extension de cette culture. Si celle des céréales était

Report. . . . . 1 009 280 ᵗ

5° Plantes fourragères.

20 000 hectares cultivés en fourrages divers, à
    raison de 3ᵗ 500 par hectare . . .   70 000 ⎫
100 000 hectares cultivés en prairies naturelles et   ⎬ 420 000
    artificielles, à raison de 3ᵗ 500 par hect.   350 000 ⎭

6° Tourbes.

Les marais tourbeux communaux ont une superficie de 1,187 hectares suivant un relevé statistique exécuté en 1862 par le service des Ponts-et-Chaussées. On peut évaluer à peu près au même chiffre celle des tourbières appartenant aux particuliers. L'épaisseur réduite calculée d'après le résultat des exploitations de 62 communes pendant cinq années — de 1861 à 1865 — est de 3ᵐ,30, de sorte que la richesse tourbière du département de la *Somme* peut être évaluée approximativement à 78,342,000 stères de tourbe *humide*, ou à 35,253,900 stères de tourbe *desséchée*. L'exploitation annuelle déduite des 5 années précitées est de 321,820 stères de tourbe sèche donnant, à raison de 0ᵗ 514 par

A reporter. . . . . . 1 429 280 ᵗ

restreinte aux besoins de la consommation locale, on pourrait cultiver en betteraves cent mille hectares de plus ; ce qui augmenterait le tonnage des produits directs du sol de 3,372,300 tonnes par an, décuplerait la consommation de la houille et fournirait à la circulation un aliment qui mettrait les chemins de fer d'intérêt local de la Somme au niveau des meilleures lignes des grands réseaux.

Déjà depuis que ceci a été écrit, la culture de la betterave, qui forme comme le pivot de tout progrès réel et sérieux en agriculture, a pris une extension considérable. De 8 à 9 mille hectares, cette culture s'est élevée, en quelques années, à 24 mille hectares qui fournissent aujourd'hui 840,000 tonnes de betteraves. Ces racines ont pu alimenter, pendant la campagne de 1865-1866, huit distilleries qui ont donné 18,000 hectolitres d'alcool de trois-six et 48 fabriques de sucre qui ont produit 30,568,000 kilogrammes de sucre. La campagne de 1857-1858 n'en a livré au commerce que 12,290,000 kilogrammes.

Ces usines ne procurent pas seulement des travaux, et, par conséquent, des salaires aux nombreuses familles laborieuses, pendant la saison rigoureuse, elles produisent encore des nourritures en abondance pour l'engraissement des bestiaux, des résidus et autres substances qui contribuent puissamment à l'amélioration et à la fertilisation du sol.

Report. . . . . 1 429 280 ᵗ

stère, un tonnage annuel de . . . . . . 165 415 ᵗ ⟩
La tourbe à cendre peut être évaluée au dixième, ⟩ 181 956
soit . . . . 16 541 ⟩

A ces produits directs du sol, je crois devoir ajouter les matériaux qui en sont extraits annuellement pour la construction, la
réparation et l'entretien des voies de terre de toute nature dans le
département. Il faudrait y ajouter ceux qui sont exportés dans le
département de l'Aisne par le canal de la Somme, et dont le cube
n'est pas connu ; mais, dans notre département, on ne peut pas
évaluer au-dessous de 180,000 mètres cubes la masse de cailloux employée annuellement sur les routes impériales et départementales et sur les chemins vicinaux ; ce qui, à raison de 1 ᵗ 425
par mètre cube, fournit un tonnage annuel de 256 500

Total du tonnage annuel des produits directs du sol, non compris les fruits, les bois de construction et de chauffage et les
matériaux autres que les cailloux. . . . . 1 867 736 ᵗ

Enfin, d'après une enquête récente, le département de la *Somme* élève
annuellement *quatre-vingt-sept mille chevaux, cent dix-sept mille bêtes à
cornes et cinq cent cinquante mille moutons.*

Pour compléter ces détails statistiques, il me reste à faire connaître : 1° la
puissance dynamique du département ; 2° le *tonnage kilométrique* de l'ensemble des voies publiques qui traversent son territoire ou qui y sont comprises
en entier.

La puissance dynamique d'un pays se compose de deux éléments principaux :
les forces *animées* et les forces *inanimées* que la nature fournit plus ou moins
généreusement en dehors des premières.

Il ne sera pas question ici des moteurs animés dont l'intensité est très-
variable.

Les forces naturelles sont :

1° Celle due aux *eaux courantes — moteurs hydrauliques ;*

2° Celle du *vent ;*

Puissance dynamique
de la Somme.

3° Celle de la *vapeur d'eau*.

Il résulte d'un travail statistique, exécuté par le service des Ponts-et-Chaussées, que la puissance dynamique des cours d'eau du département de la *Somme* est en totalité de 8,449 *chevaux-vapeur*, dont une partie seulement est utilisée par 476 *chutes*, mettant en mouvement 521 usines diverses, soit . . . . 4 346 [ch.-vap.]

ou un peu plus de moitié.

La force du *vent* est indéfinie. Il s'en faut qu'elle soit utilisée partout où elle pourrait recevoir un emploi avantageux. Elle a été longtemps appliquée — et elle l'est encore — à la locomotion maritime. Le département de la *Somme* en tire parti pour faire mouvoir 844 moulins qui consomment une force motrice évaluée (56) à . . 7 242

Enfin la *force élastique de la vapeur* était appliquée en 1865 à 476 machines, et sa puissance en chevaux-vapeur était (57) de. 4 873

Puissance dynamique effective du département de la *Somme* en 1865. . . . . 16 461 [ch.-vap.]

Tonnage kilométrique de l'ensemble des voies publiques de la Somme.

Suivant le relevé de la fréquentation des routes impériales et départementales, exécuté en 1863-64, la fréquentation diurne est exprimée, sur les premières, par la circulation d'un poids utile de $132^t.40$ sur la totalité de leur développement ($620^k.2$) ; ce qui donne un tonnage kilométrique annuel de $132.4 \times 620.2 \times 365 =$. . . . . 29 971 785 [t. k.]

et, sur les routes départementales, par un poids utile de $107^t.1$ parcourant journellement la totalité de leur développement de $577^k.8$; ce qui donne un tonnage kilométrique annuel de. . . . . 22 587 068 [t. k.]

A reporter. 52 558 853

---

(56) La force de chaque moulin à vent a été calculée par la formule $F = \frac{n\ SV^3}{75}$, dans laquelle le coefficient n est égal à 0,03, valeur déduite des expériences de Coulomb, S est la surface des quatre ailes et V la vitesse du vent exprimée en mètres par seconde ; la vitesse la plus convenable étant 7 mètres (*jolie brise*), elle a été adoptée pour l'évaluation de la force de chaque moulin dont la formule se trouve ainsi ramenée à l'expression $F = 0, 137$ S.

(57) On comptait, en 1865, 671 chaudières, dont 598 motrices et 73 calorifères.

Report.	52 558 853 t. k.

Sur le canal de la *Somme*, le tonnage moyen des cinq dernières années (1861 à 1865), rapporté à la totalité du parcours de 156^k,445^m, est de 90,659 tonnes (58), répondant presque exactement à l'année 1863 ; ce qui donne un tonnage kilométrique annuel de 90,659 × 156^k,445 = ... 14 183 144

Tonnage kilométrique annuel des voies de terre et d'eau dépendant du service des Ponts-et-Chaussées dans le département de la Somme. . . . . . . 66 741 997 t. k.

Ce tonnage a été régulièrement constaté et peut être considéré comme officiel. Je n'ai pas cru devoir tenir compte du tonnage kilométrique de la rivière d'Avre, qui n'a pas été relevé avec une exactitude suffisante, et qui d'ailleurs est insignifiant.

Il y aurait à ajouter à ce chiffre, pour avoir le tonnage kilométrique total des marchandises qui circulent sur l'ensemble des voies publiques, dans celles de leurs parties situées sur le territoire du département de la Somme, le tonnage propre : 1° aux chemins vicinaux de moyenne et de grande communication ; 2° aux deux lignes du réseau ferré du Nord.

Il n'a pas été exécuté, à ma connaissance, de relevé de la circulation sur les chemins vicinaux ; mais je suis sûr d'être très-près de la vérité en supposant que le tonnage diurne, rapporté à la longueur totale de ces chemins, n'est pas sensiblement inférieur à la moitié du tonnage diurne relevé sur les routes départementales. Celui-ci ayant été trouvé égal à 107^t,1, il n'y aura aucune exagération à prendre le chiffre de 50 tonnes pour le tonnage diurne rapporté à la longueur entière des chemins vicinaux de grande et de moyenne communication du département.

Or, il résulte *des tableaux statistiques concernant le service vicinal* pendant l'année 1863, tableaux annexés au procès-verbal de la session du Conseil général de la Somme de l'année 1864, que le développement des parties de ces chemins parvenues à l'état d'entretien au 1er janvier 1864 était, savoir :

(58) C'est encore plus exactement la moyenne des tonnages des années 1864, 1865.

Pour les chemins de moyenne communication. . .   1 580 573 ^{m.}

Pour les chemins de grande communication . . .   959 146

Développement total. . . . .   2 539 719 ^{m.}

Donc le tonnage kilométrique annuel propre à l'ensemble des chemins de grande et de moyenne communication peut être très-approximativement évalué à 2,539,719 × 50 × 365 =. . . . . .   46 349 872 ^{t.k.}

Il n'est guère possible de déterminer, autrement que par induction, le tonnage kilométrique propre aux deux voies de fer du Nord, dans les parties qui sont situées sur le territoire de la *Somme*, attendu que ce document, essentiellement et exclusivement local, ne se trouve nulle part. Voici toutefois le procédé que je propose pour apprécier l'importance de ce tonnage.

Il a été constaté dans le rapport fait à l'assemblée générale des actionnaires de la Compagnie du Nord, du 30 avril 1866 : 1° que le parcours moyen d'une tonne en petite vitesse a été de 116 kilomètres pendant l'année 1865 ; 2° que, dans la même année, le tarif moyen perçu a été de 0 fr. 0605 (59) par tonne. En faisant la somme des recettes de la petite vitesse dans toutes les stations du département et en la divisant par 0,0605, on aura évidemment le tonnage kilométrique annuel qui a donné lieu à cette recette totale. Or celle-ci s'élève, pour l'année 1865, dans les *quatorze* gares ou stations du département de la *Somme*, à 1,896,106 fr. 30 c., et le quotient de ce chiffre par 0,0605 donne un tonnage kilométrique annuel de 31,340,600 tonnes. Assurément ce tonnage n'appartient pas spécialement à la partie desdits chemins qui se trouve sur le territoire de notre département ; mais il affecte le parcours moyen de

A reporter. . . . .   46 349 872 ^{t.k.}

(59) Le tarif moyen de petite vitesse perçu en 1864 sur l'ensemble des six grandes Compagnies a été de 0,07108.

Report.	46 349 872 [t.-k.]

116 kilomètres de l'ensemble du réseau, et les deux sections de la Somme réunies ont une longueur qui diffère peu de ce chiffre (60).

On peut donc, sans graves erreurs, admettre que le tonnage kilométrique annuel des marchandises à petite vitesse, sur les deux voies de fer comprises dans la Somme, a été en 1865 de. 31 406 000

Pour le tonnage des marchandises à grande vitesse, j'emploierai le même procédé, en supposant toutefois, ce qui, à la vérité, n'est pas indiqué au rapport, un tarif moyen de 0,121, double du précédent.

La somme des recettes des articles de messagerie voyageant à grande vitesse, faites aux quatorze stations du département étant de 295,450 fr. 26, le quotient (61) $\frac{295,450,26}{0,121} =$ . . . . 2 441 737 représentera approximativement le tonnage kilométrique moyen des marchandises à grande vitesse.

Tonnage kilométrique annuel approximatif des chemins vicinaux de moyenne et de grande communication et des parties du réseau ferré du *Nord* situées dans le département de la Somme. 80 197 609

Ajoutant à ce chiffre le tonnage kilométrique des voies de terre et d'eau dépendant du service des Ponts-et-Chaussées, soit. 66 741 997

on trouve pour le tonnage kilométrique annuel de l'ensemble des voies de toute espèce, établies sur le territoire de la Somme . . . . 146 939 606 [t.-k.]

---

(60) Environ 139 kilomètres. On voit que le tonnage rapporté à cette longueur serait de $\frac{31\,340\,600}{139} = 225\,472$, chiffre égal à 2 fois et demie le tonnage du canal de la Somme et d'autant plus plausible que la voie ferrée fait une concurrence très-active à la voie navigable.

(61) Ce chiffre doit être doublé si on veut avoir le trafic kilométrique équivalent en petite vitesse au point de vue du rendement brut.

Tel est l'ensemble du trafic annuel spécial au département de la *Somme*. Ce chiffre comprend les voyageurs des voies de terre transformés en tonnes kilométriques et les bestiaux voyageant en chemins de fer transformés de la même manière. Il ne comprend pas les voyageurs en chemins de fer et les bestiaux cheminant sur les voies de terre. Le trafic en voyageurs peut d'ailleurs être évalué, pour toute l'étendue des chemins de fer dans le département, à 23,942,489 voyageurs transportés à un kilomètre, équivalant, au point de vue de la recette brute, à 25,921,207 tonnes transportées à petite vitesse à 1 kilomètre.

Le trafic annuel total du département de la *Somme* peut donc être évalué approximativement à 146,939, 606 + 25,921,207 = 172,860,813, ou plutôt à 175,302,552 tonnes-kilomètres (voir la note 61).

De même en transformant le trafic de la grande vitesse en trafic de la petite vitesse équivalent au point de vue du rendement brut, on trouve que le chemin de fer du *Nord* a transporté en 1865, dans toute l'étendue de son réseau, 1,242,748,744 tonnes à un kilomètre. Ce chiffre est, avec le précédent, à très-peu près dans le rapport de 7 à 1.

Il n'est pas sans intérêt de comparer le trafic total du département avec celui de l'ensemble des lignes ferrées des six grandes Compagnies. Je choisirai à cet effet le trafic de l'année 1864, le seul qui me soit connu pour toutes les Compagnies à la fois.

Or, ce trafic a été, pour la petite vitesse, de. . . 4 065 590 441 t.-k.

Le trafic de la grande vitesse (voyageurs et messagerie), traduit en tonnes kilométriques transportées à petite vitesse, a été approximativement de . . . 2 683 135 558

Trafic total des six grandes Compagnies exprimé en tonnes-kilomètres . . . . 6 748 725 999 t.-k.

Or ce chiffre est à celui qui représente le trafic annuel spécial au département de la *Somme* comme 38 : 1 (62).

(62) Les divers chiffres du trafic des chemins de fer ont été calculés sur les éléments pris dans l'annuaire officiel des chemins de fer, année 1866, publié par A. Chaix et Cie, suivant le procédé appliqué à l'exemple de la page 52.

Si, déplaçant le point de vue, on se borne à comparer avec le trafic des six grandes Compagnies celui de l'ensemble des voies de terre du département, c'est-à-dire, le seul qui soit susceptible d'être détourné au profit des voies de fer d'intérêt local (63), on voit que leur dernier rapport devient $\frac{6,748,725,999}{98,908,725}$, qui se réduit à 68 : 1.

Qu'on veuille bien remarquer que le trafic des six Compagnies, ci-dessus établi, est dû à l'exploitation, pendant l'année 1864, d'un développement total moyen de 10,493 kilomètres (64), lorsque toutes les autres concessions ensemble n'exploitaient encore que 300 kilomètres au 31 décembre de la même année ; que ces six grandes concessions enveloppent d'ailleurs, soit par leurs grandes lignes, soit par leurs ramifications, comme d'un vaste réseau, la *France* tout entière, et l'on jugera, sans craindre de se laisser abuser par de trompeuses illusions, que le trafic dès-à-présent disponible du département de la Somme est assez riche pour rémunérer convenablement les services d'un certain nombre de voies à circulation rapide et économique. On verra par la suite que les études de détail confirment pleinement ces présomptions.

Les faits capitaux qui se dégagent de ces préliminaires se résument donc comme il suit :

1° Action réciproque de la viabilité et de la prospérité publique ;

2° Nécessité pour le département de la *Somme* de rapprocher, par l'établissement des voies rapides, les bassins houillers des départements du *Pas-de-Calais* et du *Nord* ou de la *Belgique* des centres manufacturiers, afin de mettre la consommation du combustible minéral dans le département en rapport avec la consommation générale de la France entière et d'aider au développement de l'industrie sucrière destinée à donner aux chemins de fer d'intérêt local, sous l'influence du bon marché de la houille, un trafic considérable ;

3° Disposition topographique du territoire, favorable à cet établissement ;

4° Puissance productive déjà considérable du département de la *Somme* et fournissant aux voies de terre un tonnage kilométrique relativement important, qui ne demande qu'à prendre un nouvel et plus vigoureux essor

---

(63) Il faut que ces voies ne portent aucune atteinte au trafic du *canal de la Somme* et des lignes du *Nord*.

(64) C'est la longueur moyenne exploitée en 1864. Au 31 décembre de la même année, l'exploitation se faisait sur une longueur de 12,756 kilomètres.

sous l'action de la rapidité et de l'économie des voies de communication perfectionnées.

Telles sont les prémisses qu'il m'a paru nécessaire de bien poser avant d'aborder l'examen des lignes dont le Conseil général a prescrit l'étude technique, topographique et comparative.

EXAMEN

Du réseau des Chemins de fer d'intérêt local à établir dans le
département de la Somme et des études dont il a été l'objet.

Dans la première partie de la session de 1865, les conseils d'arrondissement
ont émis leurs vœux et leurs idées sur l'établissement des chemins de fer locaux
qui les intéressent respectivement. Ces idées et ces vœux se sont trouvés d'accord
avec les indications justifiées dans ma note officieuse du 20 août sur le même
objet, tant ils sont conformes à la nature des choses ; c'est-à-dire aux besoins
les mieux constatés des localités, à leurs ressources et à leurs facultés productives.
Et en effet, les lignes dont l'établissement est sollicité ou proposé coïncident
avec les grands courants actuels ou avec ceux que le réseau du *Nord* a mo-
mentanément taris ; mais qui ne demandent qu'un lit nouveau pour être revi-
vifiés et répandre plus abondamment encore sur toute l'étendue de leur
parcours les produits qui doivent fertiliser des contrées expropriées ou jusque-
là déshéritées.

Ces lignes ont été désignées ainsi qu'il suit par M. le Préfet dans son rapport
du 21 août 1865 :

Nomenclature du ré-
seau des chemins de
fer d'intérêt local du
Département.

I. — Chemin de fer de *Frévent* vers *Dieppe* par *Auxi-le-Château*, *Abbeville* et *Gamaches*;

II. — Ligne de *Frévent* par *Doullens* à *Amiens*, avec prolongement au
moyen du chemin de fer d'*Amiens* à *Rouen*, à travers la vallée de la *Selle* et
le canton de *Crèvecœur*;

III. — Ligne partant soit d'*Achiet*, soit de *Cambrai*, et se dirigeant par
Péronne, *Chaulnes* ou *Nesle*, *Roye* et *Montdidier*, vers le chemin de fer du
Nord, soit à *Breteuil*, soit à *Saint-Just*;

IV. — Ligne de *Tréport* à *Fouilloy* (Oise), dit chemin de la *Bresle*, que le département de l'*Oise* désire voir se prolonger jusqu'à *Beauvais*, à concerter avec le département de la Seine-Inférieure.

M. le Préfet terminait son rapport en proposant au Conseil général d'autoriser le département à emprunter en 1866 une somme de 61,600 francs *en vue de soumettre à des études définitives les quatre lignes désignées ci-dessus.*

Délibération du Conseil général de la Somme (Séance du 25 août 1865).

Dans sa séance du 25 du même mois, le Conseil général, à la suite de la lecture du rapport de la quatrième Commission, donna son approbation à la proposition de M. le Préfet.

Les ingénieurs chargés de ces études ont cru que ce qu'ils pouvaient faire de mieux était de s'inspirer de l'esprit du rapport. Ils s'y sont appliqués avec conscience ; mais l'étude de ce document important est faite pour inspirer moins la confiance que le découragement. C'est en effet un véritable tocsin d'alarme.

Les chemins de fer de l'*Alsace*, types des chemins d'intérêt local créés par la loi du 12 juillet 1865, auraient donné lieu à de graves mécomptes ; leurs produits évalués primitivement aux chiffres suivants :

Chemin de *Strasbourg* à *Barr*. . . . . 10 875 fr.
    Id. de *Haguenau* à *Niederbronn*. 8 191
    Id. de *Schlestadt* à *Sainte-Marie-aux-Mines*. . . . 6 053

n'auraient été en réalité, d'après l'expérience faite par la Compagnie de l'*Est*, que de 7,142 fr., 4,800 et 4,286, *qui sont d'accord avec ceux d'autres lignes du réseau de l'Est* ; les frais d'exploitation étant évalués pour ces trois chemins à 7,500 fr. ; en admettant qu'on parvienne à les réduire de 2,000 francs, on aurait encore une dépense annuelle de 5,500 francs ; de sorte que les chemins de *Haguenau* à *Niederbronn* et de *Schlestadt* à *Sainte-Marie-aux-Mines* ne couvrent pas leurs frais, et que celui de *Strasbourg* à *Barr* ne donne qu'un excédant de 2,142 francs (*sic*) pour intérêt et amortissement du capital de construction, matériel roulant compris, évalué à 117,300 francs par kilomètre.

D'après ces documents, l'exécution des chemins de l'*Alsace* aurait été la plus désastreuse opération qui eût été jamais conçue et réalisée.

Examinons cependant jusqu'à quel point ces documents doivent nous guider dans l'étude spéciale des chemins de la Somme.

La manière dont ils sont présentés suggère divers ordres d'observations. En premier lieu, il semble que les expériences à l'aide desquelles la Compagnie de *l'Est* est parvenue à établir le rendement brut des trois lignes de *l'Alsace* devraient être concluantes, et pour cela avoir été faites sur une longue période. Qu'on en juge :

Sur la ligne de *Strasbourg* à *Barr*, l'expérience a porté sur 94 jours d'exploitation ;

Sur celle *d'Haguenau* à *Niederbronn*, sur 13 jours ;

Sur celle de *Schlestadt* à *Sainte-Marie-aux-Mines*, sur 3 jours (65).

Quel fond peut-on faire sur des expériences d'aussi courte durée ?

En second lieu, M. le Rapporteur de la quatrième section du Conseil général ajoute que les produits déterminés par ces expériences *sont d'accord avec ceux d'autres lignes du réseau de l'Est.* Cette assertion est assurément exacte ; mais elle a besoin d'être commentée pour pouvoir être sainement appréciée. Ces *autres lignes* auxquelles il est fait allusion sont, je le suppose, celles *d'Épinal* à *Remiremont* (4,726 francs) et *d'Avricourt* à *Dieuze* (4,375 francs) ; mais, *comme pour les trois lignes de l'Alsace, les produits de ces deux dernières ont été établis respectivement sur 25 jours et 37 jours d'exploitation !* (66).

Du reste le tableau de la page 143 de l'annuaire officiel des chemins de fer de l'année 1866 fournit un précieux *critérium* pour apprécier les inductions tirées d'expériences aussi éphémères. *Le chemin de Reims à Mourmelon, dont le produit avait été supposé de 6,014 francs d'après une expérience de 139 jours d'exploitation en 1863, a donné 17,820 francs en 1864 !* (67). Ne voit-

---

(65) *Annuaire des chemins de fer*, année 1866, page 143.

(66) *Idem*.

(67) Le rapport présenté le 28 avril 1866 à l'Assemblée générale des actionnaires de la Compagnie de l'Est fait déjà subir aux chiffres donnés pour les produits des trois lignes *Alsaciennes* des rectifications dans le même sens, quoique moins importantes. L'expression de ces produits serait, d'après ce document, savoir :

Sur la ligne de *Strasbourg* à *Barr*, de . . . . 7,966 fr. 77 par kilomètre ;
— *d'Haguenau* à *Niederbronn*, de. . . . . . 6,528 60 —
— de *Schlestadt* à *Sainte-Marie-aux-Mines*, de . 5,535 04 —

Ces produits sont déjà satisfaisants, eu égard à l'extrême réduction des tarifs de l'*Est*. Cependant il y a lieu de croire que la Compagnie en a atténué l'expression. Il serait bien à

on pas là l'explication de la recherche que fait la Compagnie de l'*Est* de nouvelles concessions d'importance analogue, telle que celle de la ligne de *Munster* à *Colmar* ? (68)

En troisième lieu, les produits mis en avant par M. le Rapporteur, fussent-ils définitivement consacrés par l'exploitation continue du troisième réseau de l'*Est*, dont les trois lignes de l'*Alsace* font actuellement partie, ce qui est plus que douteux, comme on a pu en juger, il n'y aurait aucune raison de s'en alarmer en ce qui concerne le réseau d'intérêt local de la *Somme*. Tout au plus pourrait-on en inférer — ce qui a l'air d'un paradoxe — que de toutes les Compagnies possibles, celles dans lesquelles les réseaux d'intérêt local sont enclavés sont les moins propres à exploiter ceux-ci. Je m'explique :

Les six grandes Compagnies ont été autorisées par leurs cahiers de charges à percevoir des tarifs de péage et de transport assez élevés. Elles les ont strictement appliqués dans leurs commencements; et c'était justice. Mais à mesure que, sous leur influence, la production se développant réagissait sur le trafic, elles se sont relâchées de l'élévation de leurs tarifs, et les ont abaissés progressivement jusqu'à des chiffres très-faibles. Ainsi le tarif moyen perçu pendant l'année 1864 pour le transport d'une tonne à un kilomètre en petite vitesse a été, dans les deuxième et troisième réseaux de l'Est, dont font partie les lignes de l'Alsace, de 0 fr. 063, et le tarif moyen de l'unité de trafic en voyageurs y a été de 0 fr. 0585.

Or on comprend qu'une Compagnie ne puisse pas facilement se soustraire à l'unité de tarif, et qu'elle soit forcée d'appliquer ses tarifs courants à l'exploitation des lignes nouvelles qui font leur entrée dans leur réseau. Il y a d'ailleurs, dans une semblable pratique, d'autant moins d'inconvénients que les nouvelles venues dans le réseau sont une fraction peu importante du développement total de la concession.

La situation serait bien différente pour une Compagnie spéciale dégagée de

désirer que *le service du contrôle* fût autorisé à faire connaître au public la vérité sur ce point. Cela éclairerait cet élément important de la question des chemins de fer d'intérêt local et dispenserait de toute dissertation à cet égard.

(68) Les recettes des lignes d'*Épinal* à *Remiremont et d'Avricourt* à *Dieuze* ont été en 1865 respectivement de 7,462 fr. 66 et de 5,846 fr. 48. Qu'on les compare avec les recettes hypothétiques données par la Compagnie d'après les expériences de quelques jours faites en 1864 !

tous liens antérieurs, ou plutôt son évolution s'accomplirait exactement de la même manière ; c'est-à-dire qu'elle *commencerait* comme les anciennes Compagnies à exploiter sa concession avec un tarif relativement élevé, qu'elle abaisserait progressivement, au mieux de ses intérêts, en combinant cet élément de la recette avec cet autre élément, le *trafic*, de telle façon que leur produit fût toujours autant que possible un *maximum*.

Dans cette manière de procéder, l'exploitation peut débuter avec un tarif double (69) de celui perçu en 1864 sur les chemins de l'*Alsace* ; et l'on voit qu'en maintenant même les chiffres donnés par le rapport, comme l'expression des produits bruts des trois lignes considérées sous l'empire d'un tarif doublé, celles-ci auraient donné, déduction faite de 60 p. 0/0 du montant du produit brut, proportion généralement admise pour les frais d'exploitation des lignes à produits faibles, savoir :

La 1re, 5,714 fr., c'est-à-dire environ 5,00 p. 0/0 du capital de premier établissement ;

La 2e, 3,840 fr., soit . . . . 4,23 p. 0/0 d'id. ;

La 3e, 3,429 fr., soit . . . . 3,73 p. 0/0 d'id. (70).

De semblables produits sont déjà de nature à justifier l'établissement des lignes desquelles on peut légitimement les attendre ; mais, je le répète, je suis convaincu que les lignes de l'Alsace donnent, sous la loi des tarifs de la Compagnie de l'*Est*, des produits bien supérieurs à ceux qui ont été déduits des expériences dérisoires que j'ai citées et desquels M. le Rapporteur de la quatrième commission a cru pouvoir se porter caution. J'en trouve, sinon la preuve, du moins de graves présomptions dans les mots suivants, qu'on lit dans les *observations sur le projet de loi des chemins de fer départementaux* par MM. Thirion et Bertera : « *La Compagnie de l'Est, qui s'est chargée de*

---

(69) Dans le projet de cahier des charges rédigé de concert avec MM. les Ingénieurs et agréé par M. le Préfet, il n'a été fait que deux classes de marchandises dont le tarif moyen en petite vitesse, suivant la proportion des classes, varie entre 0 fr. 12 et 0 fr. 18 par tonne-kilomètre et peut être évalué en moyenne à 0 fr. 13. Les autres prix du tarif sont à peu près dans le même rapport. Ce tarif diffère peu des anciens tarifs officiels. Par une clause du cahier des charges, l'Administration se réserve la faculté d'abaisser les taxes jusqu'à concurrence d'un cinquième à partir du moment où le produit kilométrique brut aura atteint le chiffre de 13,000 francs.

(70) Ce capital est, pour la première, 117,300 fr. ; pour la deuxième, 90,700 fr. ; pour la troisième, 92,000 fr. par kilomètre.

l'exploitation (des chemins de fer Alsaciens), *pense que la recette brute s'élèvera à* 10,000 *francs par kilomètre.* »

De ce qui précède, je me crois donc autorisé à inférer : 1° que les départements du Bas et du Haut-Rhin n'ont pas été heureusement inspirés en traitant avec la Compagnie de l'*Est*, à moins que leur but n'ait été de jouir promptement, c'est-à-dire dès l'ouverture de l'exploitation, des tarifs les plus réduits des transports, au prix d'assez grands sacrifices, luxe que peuvent seuls se donner les départements riches ; 2° que la saine interprétation des phénomènes économiques observés dans l'exploitation des lignes *alsaciennes*, loin d'être de nature à détourner le Conseil général de l'exécution du projet à l'étude duquel il a consacré une somme importante, est un puissant encouragement à y persévérer.

Ces conclusions déduites d'une manière générale d'un exemple étranger au département de la Somme, et posées *à priori* à l'égard des chemins de fer d'intérêt local de ce département, se trouveront justifiées et renforcées par l'examen et la discussion de chacun de ces chemins en particulier ; ce qui est, selon moi, la meilleure manière de démontrer l'inanité des appréhensions exprimées dans le rapport de la quatrième commission du Conseil général.

Sous l'obsession de ces appréhensions, le Rapporteur s'est proposé de chercher la solution de la question des chemins de fer d'intérêt local dans des conditions spéciales à un grand nombre de localités sans doute, et à certaines exploitations, mais qui ne se concilient en aucune façon avec l'importance des intérêts, des besoins et des ressources d'un des départements les plus populeux, les plus agricoles, les plus industriels, les plus riches, en un mot, de l'Empire.

Les ingénieurs qui ont exercé leurs fonctions dans les diverses régions de la France, ont constaté des différences considérables dans le tracé et la structure de leurs routes. Tandis que, dans les plaines plantureuses de la *Normandie*, de la *Picardie*, des *Flandres*, de la *Beauce*, de l'*Alsace*, etc., ces voies sont établies en général avec de faibles déclivités et sur des largeurs qui atteignent 20 mètres, les régions montagneuses des *Pyrénées*, des *Alpes*, des *Cévennes*, de l'*Auvergne*, etc., à part quelques routes principales tracées à peu près correctement, n'offraient naguère encore à la circulation que des voies raboteuses, abruptes, à peine suffisantes pour laisser passer les *chars-à-bœufs*, et des *che-*

mins muletiers, les uns et les autres décorés du titre pompeux et dérisoire de *route royale.* Et il ne faut pas s'étonner de ces différences profondes. Elles sont caractéristiques et tiennent essentiellement à la nature des choses. Là, la nature a préparé elle-même, pour ainsi dire, le lit des routes, et l'homme n'a eu presque rien à faire pour les achever. Ici, au contraire, elle est rebelle à leur établissement, et il faut faire usage, pour triompher de ses résistances, comme à l'égard de l'ennemi, de l'*ultima-ratio:* la poudre. Et notez que ce sont les pays les plus riches que la nature favorise sous ce rapport comme sous tous les autres. Aussi la loi du 12 juillet 1865 s'est-elle appliquée à réparer, dans une assez forte mesure, les torts de cette marâtre envers ceux de ses enfants qu'elle a accablés de ses rigueurs.

Ces deux régions sont les extrémités opposées de l'échelle dont les autres occupent les degrés intermédiaires à la hauteur qui leur est assignée par la part que la nature leur a faite dans ses libéralités.

La même gradation s'observe en toutes choses et a, pour conséquence nécessaire, tant dans l'ordre économique, que dans l'ordre physique et dans l'ordre social, des conditions variées et graduées d'existence et de mouvement.

Si les réflexions qui précèdent sont justes, il ne faudrait pas transporter, des départements les moins favorisés à la fois par la fortune et aux points de vue de la configuration topographique et la constitution géologique, dans ceux qui, à l'instar de la *Somme,* ont une superficie unie et peu déclive et sont avancés dans les voies du progrès et du bien-être, les conditions d'établissement des chemins de fer d'intérêt local. C'est cependant ce qu'a fait le Rapporteur de la quatrième commission.

Cet honorable conseiller général, après avoir rapporté l'exemple du chemin de fer industriel des mines de *Saint-Aubin,* commune de *Mondalazac,* à la station de *Salles-la-Source,* sur la ligne de Rodez (réseau de l'Orléans), chemin mentionné dans une note de M. Thirion, directeur du réseau central de cette Compagnie, et qui est l'objet d'un rapport de M. Bertera, Ingénieur en chef des Mines, ajoute que M. Thirion ne pense pas qu'il soit exactement le type à suivre pour les chemins d'intérêt local (71). Je le crois sans peine : ce

(71) Voir mon avis à la suite du rapport de M. l'Ingénieur Frémaux sur l'avant-projet de la ligne de *Frévent* à *Gamaches,* sur la question des chemins de fer à voie étroite (pages 29 et 30).

chemin n'est point approprié au transport des voyageurs et n'a pas d'autre trafic que le minerai de fer de *Lagarde* (*marchandise de 4ᵉ classe*), ce qui comporte une simplicité d'exploitation tout-à-fait exceptionnelle, qu'on ne peut pas rêver sérieusement pour les chemins de fer d'intérêt local, destinés à transporter les voyageurs et des marchandises très-variées. De plus la vitesse n'y est que de 15 kilomètres à l'heure, — juste celle des anciennes malles-postes —; et cependant les frais d'exploitation, y compris l'entretien de la voie et ceux de *transbordement* (72), reviennent à la *Compagnie d'Orléans* à 0 fr. 0664 par tonne et par kilomètre, c'est-à-dire plus cher que le *Commerce* n'a payé en 1864 à la même Compagnie pour le transport réduit de la même unité de trafic (toutes classes de marchandises confondues) (73).

Tels sont les résultats obtenus moyennant une dépense kilométrique de premier établissement qui s'est élevée à 50,404 francs pour un chemin qui n'a pas de station et presque pas de travaux d'art, dans un pays où la valeur moyenne des terrains est de 3,762 francs l'hectare, où le ballast revient à 2 fr. le mètre cube et où le prix de la journée est de 1 fr. 77. Si l'on veut se faire une idée du prix auquel serait revenu le même chemin exécuté dans le département de la *Somme*, on ne perdra pas de vue que les prix moyens des terrains, du ballast et de la journée d'ouvrier, y sont respectivement de 6,000 francs, 6 fr. et 2 fr. 06, et que, si l'on étendait son système de construction aux chemins de fer d'intérêt local, il faudrait encore ajouter au chiffre kilométrique ainsi modifié de cinq à six mille francs pour ouvrages d'art et de trois à quatre mille francs pour stations.

Il est vrai, comme je l'ai déjà dit, que M. Thirion répudie cette solution comme type des chemins de fer d'intérêt local. De son côté, M. Bertera dit dans son rapport : « *Vouloir généraliser cette solution et la considérer comme répondant, dans le plus grand nombre de cas, aux besoins de la circulation sur voie de fer, serait certainement une idée fausse.* » En conséquence, cet Ingénieur se préoccupant de l'avantage qu'il y aurait à

(72) Voir, en ce qui concerne les frais de transbordement, le même avis, page 30. Sur la ligne de *Mondalazac*, ces frais n'ont été que de 0 fr. 024 par tonne et par kilomètre, ce qui s'explique par l'extrême légèreté du matériel roulant, par l'unité de marchandises et par sa nature, d'un transbordement excessivement facile. Sur un chemin propre au transport des marchandises de toute espèce et d'un trafic moyen, on ne doit pas compter sur un prix de transbordement inférieur à 0 fr. 08 par tonne-kilomètre.

(73) Ce prix *réduit* de transport a été en effet pendant l'année 1864 de 0 fr. 063.

approprier cette solution à *certaines localités où l'on ne peut compter sur un trafic assez important pour couvrir l'intérêt de la construction d'un chemin à grande section* (74), a entrepris l'étude d'un chemin de fer de 35 kilomètres de longueur qui serait destiné à desservir les usines à fer de la vallée de la *Saulx*, dans le département de la *Meuse*, et les carrières de pierre à bâtir de *Savonnières* situées à proximité. C'est le chemin dont le Rapporteur de la quatrième commission a donné l'évaluation de la dépense kilométrique qui s'élèverait à 66,000 francs, évaluation qui n'a pas du reste été établie régulièrement par l'auteur de l'étude. M. Bertera suppose une voie de 1ᵐ,20 au lieu de 1ᵐ,10, des rails de 21 kilogrammes au lieu de 16ᵏ.5, et par suite que la voie revienne à un prix plus élevé de 25 0/0 que celle de *Mondalazac*. Il augmente de 50 0/0 (75) les prix des terrains et du ballastage et l'évaluation des terrassements ; mais, sans le dire explicitement, il diminue de 1857 francs la dépense du matériel roulant, qui a coûté 16,857 francs sur le chemin de *Mondalazac* ; ce qui s'explique d'autant moins que la largeur de voie est augmentée, que le poids des locomotives est porté de 9,300 à 15,000 kilogrammes et que ces machines et les wagons porteurs sont — comme nombre —à peu près en proportion de la longueur des chemins. Enfin, il n'ajoute rien à la somme de ces divers éléments pour dépenses d'ouvrages d'art et de stations. Il y a donc lieu de prévoir que les chemins locaux de la *Somme*, établis dans le système de celui de la vallée de la *Saulx*, ne reviendraient pas à moins de 75,000 francs, soit 9,000 en plus, pour tenir compte des dépenses des stations et des ouvrages d'art. C'est à très-peu près en effet le chiffre moyen qu'ont donné les estimations faites sur l'ensemble des lignes étudiées dans notre département.

Au point de vue de l'exploitation, M. Bertera fait connaître que le chemin de fer de la *Saulx* ne doit transporter, savoir : à la remonte que 20,150

(74) Qu'on veuille bien remarquer que M. Bertera, ainsi que M. Thirion lui-même, ne recommande les chemins à petites sections que dans ces circonstances qui se rencontrent surtout et presque exclusivement dans les pays peu favorisés par la nature et quand il s'agit de desservir une exploitation spéciale. On verra par la suite que ces conditions ne sont nullement celles du département de la *Somme*.

(75) Cette proportion n'est pas trop considérable, eu égard aux accidents de terrain que présente la vallée de la *Saulx*.

tonnes environ sur 21 ^k. 5, et, à la descente, sur un parcours moyen de
12 ^k. 9, que 138,550 tonnes, dont 90,000 tonnes de pierre de *Savonnières*
à la distance de 10 kilomètres ; ce qui donne un tonnage kilométrique annuel
de 1,960,585 tonnes, dont 900,000 tonnes–kilomètres en pierre de *Savonnières*. Il fait remarquer en outre que l'objection du *transbordement* nécessité
par la petite voie perd dans ce cas particulier de sa valeur, attendu qu'une
grande partie des pierres en destination de *Paris* et du coke venant de la
Belgique pour les usines à fer devrait prendre la voie d'eau, celle-ci offrant
une différence de prix assez considérable avec les transports par chemins de
fer. Il résulte d'ailleurs du rapport que le chemin de la *Saulx* ne servirait
qu'en cas de besoin au transport des voyageurs, *en plaçant, en queue des
trains de marchandises, quelques voitures à cet effet.* Enfin, en appliquant un
tarif de 0 fr. 10 au transport d'une tonne de pierres à un kilomètre et de
0 fr. 12 aux autres objets de trafic, on a une recette brute annuelle de
217,270 fr. 20, ou une recette kilométrique de 6,207 fr. 72. (76)

M. Bertera évalue à 2,600 francs (77) la dépense kilométrique d'exploitation,
d'administration et de renouvellement de la voie. Il resterait donc un produit
net de 3,607 fr. 72 (78), plus que suffisant pour couvrir l'intérêt et l'amortissement de la dépense de premier établissement.

Cet Ingénieur examine ensuite le cas de *l'exploitation d'une ligne à faible
trafic en marchandises et voyageurs* établie dans les mêmes conditions que la
précédente, c'est-à-dire à une seule voie d'un mètre vingt centimètres de largeur avec un point de croisement vers le milieu. Il lui suppose 25 kilomètres
de longueur, une recette kilométrique de 3,000 francs en voyageurs et de
4,000 en marchandises, au total de 7,000, et six trains journaliers dans
chaque sens, pour répondre aux besoins d'une circulation fréquente. Dans ces
conditions, il établit qu'en se contentant d'un service de jour et en faisant opérer
la recette des voyageurs, du moins dans les stations peu importantes, par les

(76) M. Bertera ne compte pas la recette en voyageurs, *qu'il déclare tout-à-fait insignifiante.*

(77) Le chiffre de 4,600 fr. indiqué au rapport de la quatrième commission appartient à
une autre situation indiquée par M. Bertera, pages 27 à 29.

(78) D'après M. Bertera, ce produit net ne serait que de 2,983 francs; mais il commet
une erreur dans l'évaluation de la recette brute totale. Les bases de trafic indiquées dans
son rapport donnent en effet 217,270 fr. 20 au lieu de 210,000 fr. portés page 23, ligne 12.

conducteurs des trains, on peut fixer à 66 0/0 de la recette brute les frais d'exploitation, ou, pour une recette de 7,000 francs par kilomètre, à 4,620 francs ; ce qui laisse un produit net de 2,380 francs. Ce produit est sensiblement supérieur à l'intérêt de la partie constante de la dépense de premier établissement — matériel de la voie et matériel roulant que, dans le cas dont il s'agit, M. Bertera évalue à 40,000 francs —. Si l'on ajoute à ce chiffre de 40,000 francs les prix des terrains et de l'infrastructure évalués à 32,000 francs, en ce qui concerne le chemin de la *Saulx,* on aura un total de 72,000 francs, dont le produit net ne représente l'intérêt qu'à raison de 3 fr. 30 pour cent francs.

Le Rapporteur de la quatrième Commission du conseil général, après avoir décrit les circonstances de l'établissement et de l'exploitation du chemin de fer de *Mandalazac* et exposé sommairement les données du projet de chemin de la vallée de la *Saulx,* ajoute, en manière de conclusion: « *Les détails dans lesquels nous venons d'entrer nous paraissent de nature à dissiper bien des illusions et à éclairer la question des chemins de fer d'intérêt local.*

« *Si nous ne nous abusons pas, ils doivent démontrer que, pour résoudre le problème posé dans tous les départements de l'Empire, il faut renoncer à l'emploi du matériel des grandes lignes et adopter une voie et un matériel dont la dépense soit sensiblement inférieure à celle qu'entraînent la voie de* 1^m,45 *et les courbes à grand rayon.* »

Cette conclusion serait irréprochable si l'auteur l'appliquait à quelques départements — à la majorité, si l'on veut, des départements — de l'Empire ; mais elle est inadmissible dans son extension à l'intégralité du territoire français. C'est le défaut de presque toutes les propositions absolues. Si l'on admet les nuances que j'ai établies dans les diverses régions de l'Empire, on n'hésitera pas, je l'espère, à partager ce sentiment. Il est évident que l'auteur du rapport tranche l'un des côtés de la question, que je pourrais appeler la question préalable, la question du *trafic* propre aux lignes de la *Somme.* Ce n'est pas ainsi qu'ont raisonné MM. *Thirion* et *Bertera.*

Écoutons en effet le premier dans la conclusion qu'il tire des mêmes faits, et notons ses différences avec celle qui précède.

« Cet ensemble de faits et de calculs, dit M. Thirion, démontre d'une manière incontestable que les chemins de fer à petite section sont appelés à rendre des services *dans un certain nombre de cas où l'établissement de la grande voie n'est pas possible.* »

De son côté, M. Bertera n'a entrepris l'étude d'un projet type qu'en vue de l'application du système des voies rapides et économiques *à certaines localités, où l'on ne peut compter sur un trafic assez important pour couvrir l'intérêt de la construction d'un chemin à grande section.*

On le voit, ces Ingénieurs spéciaux ne préjugent point le trafic de telle ou telle localité. Ils ne déclarent pas péremptoirement le trafic en quête de chemins de fer insuffisant, dans toute l'étendue du territoire français, à couvrir l'intérêt de la construction des chemins à grande section ; ils subordonnent sagement le choix du système, dans chaque localité, à l'importance de son trafic. M. Thirion même ne doute pas *qu'on trouvera encore, en Alsace, en Normandie et dans les départements du Nord, des directions non desservies en état de produire* 10,000 *francs par kilomètre,* trafic qu'il attribue aux chemins *Alsaciens* et qui suffit à rémunérer la Compagnie de l'*Est*, exploitante, des dépenses de la voie et du matériel roulant dont elle a accepté la charge (79). Telle est aussi mon opinion et telle sera, je l'espère, celle du Conseil général de la Somme lorsqu'il aura pris connaissance des documents, relevés avec autant de discrétion que de soin, qui établissent le trafic particulier à chacune des lignes étudiées et dispensent ainsi des hypothèses sous-entendues (80).

Le Rapporteur du Conseil général répond ensuite à quelques objections qu'on peut opposer à l'adoption de la voie à petite section.

Premièrement : « La réduction de la voie ne permettra pas au matériel des grandes lignes de desservir les chemins de fer d'intérêt local. »

Le Rapporteur y répond en rappelant les avantages de ce système au point de vue de la réduction des dépenses et en se félicitant que la réduction de la voie *prévienne le mélange du matériel départemental avec celui des grandes Compagnies, et, par suite, les difficultés qui résulteraient de cette enchevétre-*

---

(79) On verra plus loin combien, *au dire de la Compagnie,* ses prévisions se sont trouvées en désaccord avec la réalité.

(80) Ce trafic n'atteindrait pas immédiatement sur ces lignes le taux de 10,000 francs avec les tarifs de la Compagnie de l'*Est ;* mais il le dépassera sensiblement pour toutes les lignes — sauf celle d'*Amiens à Beauvais* — sous l'empire du tarif projeté du cahier des charges joint à chaque dossier, et dont un exemplaire est annexé au présent.

ment de wagons. Il ajoute *qu'elle satisfait aux justes préoccupations de M. le Ministre des Travaux publics, qui ne veut pas que les chemins de fer d'intérêt local « au lieu de former les affluents des grandes lignes, viennent détruire l'équilibre des grands réseaux. »* (81)

L'aptitude des voies à recevoir le matériel de toutes les lignes, loin d'être un inconvénient, est généralement considérée comme un avantage. On a toujours regardé comme un contre-sens la différence de voie qui existait il y a quelques années entre le chemin de fer *Badois* et le reste du réseau *Européen.* Ce contre-sens est aujourd'hui corrigé. Il existerait encore, paraît-il, en *Russie* et en *Espagne.*

Quant à l'équilibre des grands réseaux, loin d'être détruit, du moins en ce qui concerne la *Somme,* par les lignes d'intérêt local, il ne pourrait au contraire qu'en être consolidé, car elles en seront généralement des affluents ; et ce serait rendre aux uns et aux autres un bien mauvais service que d'élever à leur confluent un barrage qui empêcherait leurs produits de se mêler.

Je ne voulais pas revenir sur la conséquence relative à la réduction des dépenses. Cette perspective peut séduire des administrateurs qui ne verraient que ce côté de la question ; mais le Conseil général les examinera tous avec son patriotisme connu, ses lumières et les soins que leur importance mérite. Il reconnaîtra que les produits promis aux chemins étudiés, lesquels sont justifiés dans la mesure des prévisions humaines, sont dans un juste équilibre avec les dépenses calculées, et que toute économie sur celles-ci, tendant à diminuer l'utilité des chemins, le romprait avec un grand dommage pour les intérêts de tout ordre qui en attendent les plus légitimes satisfactions (82).

Secondement : « Il est vrai que la réduction de la voie à 1m,20 rend nécessaire le transbordement à la jonction des grandes voies, comme cela a lieu à la station de *Salles-la-Source* sur le chemin de fer de *Rodez.* »

Le Rapporteur ne voit aucun inconvénient dans une pareille sujétion. Il serait même tenté, d'après sa réponse à l'objection précédente, de n'y trouver que des avantages. J'ai déjà apprécié plusieurs fois les calculs et les observa-

---

(81) Instruction du Ministre des Travaux publics en date du 12 août 1865 sur l'exécution de la loi du 12 juillet précédent.

(82) On verra d'ailleurs dans les dossiers spéciaux de chaque ligne étudiée que l'économie obtenue par la réduction de la voie est à très-peu près de 20 p. 0/0.

tions présentés en réponse à cette objection. Je ne peux que me référer à la discussion dont ils ont été l'objet de ma part (83).

Constamment dominé par ses préoccupations sur la médiocrité du trafic des lignes de la *Somme*, le Rapporteur recommande au département d'imiter l'exemple des *industriels qui administrent leurs affaires avec sagesse et qui, lorsqu'ils construisent un chemin de fer pour les besoins de leur industrie, ne s'avisent pas de prendre les voies et le matériel des grandes lignes.*

Il y a évidemment, dans une semblable recommandation, une confusion de situations qui nous ramène à la ligne de *Mondalazac*, qui a cependant été déclarée impropre à servir de type aux chemins de fer d'intérêt local.

Je n'insiste pas.

Le Rapporteur termine en proposant, au nom de la quatrième commission, de voter des résolutions conformes aux propositions de M. le Préfet relatives à l'emprunt, et de soumettre à M. le Ministre des Travaux publics les considérations développées au rapport, *pour que Son Excellence puisse provoquer le plus tôt possible un nouvel examen de la question des chemins de fer construits et exploités à bon marché* (84).

A la suite de la lecture du rapport, un membre du Conseil fit observer que cette pièce contenait *sur le mode de construction des chemins de fer d'intérêt local, leur établissement, leur avenir, des appréciations sur lesquelles le Conseil n'est pas, dans les circonstances présentes, appelé à formuler un vote;*

Que cependant l'adoption des conclusions du rapport qui n'ont trait qu'à l'emprunt, *semblerait, si une réserve n'était faite, l'approbation de toutes les propositions contenues au rapport;*

Qu'il serait prématuré de les discuter, mais qu'en l'état elles ne peuvent et ne doivent être considérées que comme la manifestation d'une opinion particulière et non celle du Conseil général.

Sous cette réserve, le même membre déclarait être prêt à voter les crédits demandés.

(83) Voir la page 64 du présent et les notes.

(84) Par une dépêche du 23 décembre 1865, M. le Ministre des Travaux publics exprime son étonnement de la demande qui lui a été soumise et se demande en quoi un nouvel examen de la question des chemins de fer construits et exploités à bon marché pourrait présenter quelque utilité.

Cette réserve si rationnelle, si sage, était évidemment dans la pensée du Conseil général ; et M. le Président ayant précisé le sens du vote et fait connaître qu'il ne préjugeait rien pour l'avenir, et qu'il ne portait absolument que sur l'allocation des crédits réclamés pour les études comparatives, les conclusions du rapport ainsi expliquées et limitées furent adoptées par le Conseil dans sa séance du 25 août 1865.

Dans ces termes, le vote du 25 août laissait une latitude convenable pour les études à entreprendre, et il semblait que tout était dit sur la question. Il n'en a pas été ainsi : au début de la session de 1866, les études étant à peu près terminées, le même Rapporteur, à l'occasion du chemin de fer d'intérêt local projeté dans la *Seine-Inférieure* pour relier le *Tréport* et *Eu* à la ligne de *Rouen* à *Saint-Quentin,* en suivant la rive *normande* de la vallée de la *Bresle,* l'a reprise encore une fois en sous-œuvre.

Délibération du Conseil général de la Somme (Séance du 1er Septembre 1866).

Les résultats de la deuxième année d'exploitation des lignes *Alsaciennes,* repris dans le rapport lu à l'Assemblée générale des actionnaires de la Compagnie de l'*Est* du 28 avril 1866 et, il faut le dire, aussi les commentaires dont ils sont suivis, lui ont paru devoir corroborer ses appréhensions.

En effet, d'après le rapport de la Compagnie, les recettes en 1865 ont été, savoir :

Chemin d'intérêt local de *Strasbourg* à *Barr*. . . . 7,966 fr. 77 c.
Id.   d'*Haguenau* à *Niederbronn* . . 6,528   60
Id.   de *Schlestadt* à *Sainte-Marie-aux-*
              Mines. 5,585   04

Ces lignes étant terminées au 31 décembre 1864, sont passées du troisième au deuxième réseau de la Compagnie de l'*Est*. Il en est de même des lignes ci-après qui avaient été exécutées par l'État, savoir :

Chemin de fer de *Lunéville* à *Saint-Dié*, dont la recette a
été en 1865 de . . . . 10,447 fr. 26 c.
Chemin de fer d'*Épinal* à *Remiremont* 7,462   66
Id.   d'*Avricourt* à *Dieuze* 5,846   48

D'après le Rapporteur de la quatrième Commission du Conseil général, les dépenses d'exploitation, en y comprenant les réserves à faire pour la réfection des voies et le renouvellement du matériel, auraient excédé les recettes pour les trois lignes *alsaciennes* respectivement de 13 0/0, 31 0/0 et 28 0/0 ; la seule ligne de *Lunéville* à *Saint–Dié* aurait donné un excédant de recette de 13 0/0 par rapport aux mêmes dépenses. Les deux autres lignes seraient en perte de 8 et de 24 0/0.

J'ai vainement cherché à reconstituer ces prodigieux rapports entre les dépenses et les recettes, car le document cité du 28 avril 1866 ne les donne pas ; je n'ai pas pu y parvenir. Si l'on médite les réflexions qui suivent, dans ce document, le compte–rendu des recettes, on ne sera pas éloigné de croire que les renseignements fournis au rapporteur du Conseil général par les Ingénieurs de la Compagnie de l'Est, ainsi qu'il l'a déclaré sur l'interpellation de l'un des ses collègues, sont erronés et exagérés.

Mon intention n'est pas de contester les chiffres produits, bien que ceux qui expriment les recettes me paraissent atténués et ceux des dépenses considérablement exagérés ; toutefois il me sera permis de les interpréter.

Mais auparavant il est utile de transcrire ici les réflexions que la proportion entre les dépenses et les recettes a inspirées à l'auteur du rapport du 28 avril 1866.

« Les recettes dépassent déjà les frais d'exploitation *sur les plus importants de ces embranchements* (85), et peut-être, dans un avenir prochain, leur revenu couvrira–t–il l'intérêt des sommes consacrées par la Compagnie à leur achèvement. Quant aux autres lignes, c'est seulement dans le trafic qu'elles apportent aux artères principales que nous devons chercher la rémunération des capitaux heureusement peu considérables que nous y avons engagés. Les chiffres qui précèdent montrent une fois de plus combien étaient illusoires les espérances fondées sur l'exploitation des lignes d'*Alsace,* et l'on voit que les dépenses faites par les particuliers, les communes, les départements et l'État *peuvent être considérées comme devant rester pendant longtemps encore complètement improductives.* »

Les considérations que suggère cette partie du rapport de la Compagnie de l'*Est* sont nombreuses.

Premièrement : De deux choses l'une : ou la Compagnie a considéré comme sérieux les chiffres des recettes déduits de ses expériences, et qui sont rappelés

---

(85) Suivant le Rapporteur du Conseil général, elles ne les dépasseraient que *sur un seul embranchement,* celui de *Lunéville* à *Saint-Dié.*

page 58 du présent, ou elle n'y a attaché aucune importance. Dans le premier cas, elle doit reconnaître que, dans une seule année, il y a eu une augmentation de recettes dans les proportions suivantes : *Strasbourg* à *Barr*, 11.5 0/0 ; *Haguenau* à *Niederbronn*, 36 0/0 ; *Schlestadt* à *Sainte-Marie-aux-Mines*, 30 0/0 ; et alors de quel droit vient-elle déclarer solennellement que de telles lignes *peuvent être considérées comme devant rester pendant longtemps complètement improductives,* et porter ainsi le découragement parmi *tous* les Conseils généraux et *toutes* les populations de l'Empire ? Dans le second cas, comment n'a-t-elle pas vu qu'elle se jouait de la foi publique ?

Deuxièmement : Si, avec le système de voie adopté pour les chemins *alsaciens* et le mode d'exploitation pratiqué par la Compagnie de l'*Est,* il y a perte de la totalité du capital de premier établissement et en outre perte annuelle variant de 1,102 fr. 04 à 1,840 fr. 73 par kilomètre de chemin, ce n'est pas au rejet du système de la voie à grande section qu'il faut conclure, mais à *l'abandon absolu même de la pensée d'établir, jamais, dans quelque système que ce soit, des chemins d'intérêt local prétendus économiques.*

Troisièmement : Comment, sur une recette de *huit mille francs,* en nombre rond, la Compagnie de l'*Est* dépense-t-elle dans l'exploitation, entretien de la voie et du matériel compris, 113 p. 0/0 de cette recette en 1865, lorsque la Compagnie du *Nord,* quinze ans auparavant, en 1850, pour une recette de 13,400 francs (ligne de Creil à Saint-Quentin), ne dépensait que 8,520 francs, soit 56 p. 0/0 de la recette brute, à peine moitié ? L'exploitation a-t-elle fait un pas rétrograde depuis quinze ans ?

Quatrièmement : D'après l'indication déjà rappelée de M. Thirion, la Compagnie de l'*Est* évaluait à 10,000 francs la recette brute moyenne des lignes *alsaciennes* et à 6,000 francs au moins les frais d'exploitation. Portons si l'on veut le *minimum* de ces frais à 7,000 francs, chiffre généralement admis et que M. Loubat lui-même donne comme représentant la *recette kilométrique brute d'une voie ferrée secondaire, telle qu'on les construit aujourd'hui,* nécessaire pour *couvrir les frais d'exploitation et d'entretien* (86). Admettons

---

(86) Construction économique des chemins de fer d'intérêt local par Alphonse Loubat. Ce capitaliste convient même que les frais d'exploitation peuvent être couverts par une recette de 5,500 à 6,000 francs, et il considère la différence de 1,000 à 1,500 francs comme une rémunération de ses soins et de ses dépenses, tant pour recherches que pour obtention de ses brevets.

avec ce dernier que les frais d'exploitation et d'entretien s'accroissent de la moitié de l'excès de la recette effective sur 7,000 francs, ce qui est très-possible pour les faibles recettes, mais qui devient monstrueux dès qu'on atteint des chiffres de recette au-dessus de 14,000 francs, on trouvera, pour les frais d'exploitation en général, les chiffres ci-après :

Ligne de *Strasbourg* à *Barr*, 7,483 fr 38 au lieu de 9,068 fr. 81, soit 6 p. 0/0 de recette nette au lieu de 13 p. 0/0 de perte ;

Ligne d'*Haguenau* à *Niederbronn*, 7,000 fr. au lieu de 7,351 fr. 79, soit 25 p. 0/0 de perte au lieu de 31 p. 0/0 ;

Ligne de *Schlestadt* à *Sainte-Marie-aux-Mines*, 7,000 fr. au lieu de 8,369 fr. 33, soit 7 p. 0/0 de perte au lieu de 28 p. 0/0.

Mais, je le répète, même d'après la déclaration citée plus haut de la Compagnie de l'*Est* (Rapport du 28 avril 1866), ces évaluations doivent être exagérées.

Cinquièmement : Si l'on n'a pas perdu de vue les considérations précédemment exposées sur la tarification des transports par voie ferrée, en admettant la sincérité et l'exactitude des documents émanés de la Compagnie de l'Est, le trafic des lignes alsaciennes multiplié par les tarifs rationnels portés au cahier des charges proposé pour les chemins d'intérêt local de la *Somme* donnerait des recettes brutes de seize à onze mille francs, à peu près rémunératrices (87).

Etc . . . .

Au surplus ce retour offensif du Rapporteur du Conseil général avait si peu de chances de réussir que la quatrième commission a exigé la suppression du passage du rapport dans lequel il s'est produit. Le Rapporteur a été seulement autorisé à donner lecture de ce passage, mais seulement comme exprimant son opinion personnelle.

Examen du système Loubat.

Ce n'est pas tout ; repoussé de ce côté, le Rapporteur a profité de la même occasion, sinon pour proposer l'adoption d'un nouveau système de construc-

---

(87) Le tarif moyen perçu en 1850 par la Compagnie du Nord était de 0,096 par kilomètre pour la petite vitesse ; en 1865, il est descendu à 0, 0605. Ce simple rapprochement justifie l'opinion que j'ai exprimée sur les principes qui doivent présider à la composition des tarifs de transport.

tion des chemins d'intérêt local et de traction sur ces chemins, système qui est venu au jour entre les deux sessions, du moins pour qu'une étude fût faite sur quelques kilomètres dans ce système, afin que l'on puisse apprécier l'économie que son adoption apporterait dans l'exécution des chemins de fer d'intérêt local.

Bien que le Conseil général n'ait pas émis de vote sur cette proposition, M. le Préfet a cru devoir satisfaire au désir exprimé par la quatrième commission du Conseil général. Il m'a en conséquence chargé, par lettre du 13 octobre dernier, de procéder à l'étude demandée.

Cette étude a été faite sur une partie de la ligne d'*Airaines* à *Arras*, de 11,523 mètres de longueur suivant le tracé primitif. Avant d'en faire connaître les résultats, il est nécessaire d'examiner sommairement la brochure dans laquelle l'auteur du système, M. Loubat, en a donné la description.

Le système de M. Loubat a été bâti sur ce fait d'observation que si, à l'origine de l'exploitation des chemins de fer actuels, le mouvement des voyageurs l'emportait généralement sur celui des marchandises, le rapport entre les deux trafics a été sans cesse en décroissant de manière que la prépondérance est aujourd'hui acquise au trafic des marchandises.

« *En effet*, dit l'auteur, si on consulte les tableaux officiels publiés par l'administration des travaux publics, on constatera que le nombre de voyageurs parcourant un kilomètre exploité n'est guère aujourd'hui que *moitié* de ce qu'il était à l'origine, en 1841 ; tandis que le nombre de tonnes kilométriques, loin de baisser, a augmenté d'un *cinquième* au moins depuis 1850. »

Il fait remarquer que ces *effets inverses* deviennent d'autant plus saillants que les lignes sur lesquelles on les étudie ont moins d'importance ; et il conclut de là que, sur les lignes d'intérêt local, on doit se préoccuper moins de réaliser de grandes vitesses que d'augmenter, à l'aide de certaines dispositions, la force de traction des machines locomotives. Or comme le produit de ces deux facteurs de la traction est constant, il est évident qu'en employant une vitesse de traction de moitié moindre de celle usitée sur les grandes lignes, on se procure une force double, et que toujours, à une diminution de l'une correspond une augmentation d'égal rapport de l'autre.

Cette assertion étant l'idée-mère du système Loubat, il importe, avant d'aller plus loin, de rechercher les limites entre lesquelles elle se vérifie.

Je ne connais pas d'autres tableaux officiels publiés par l'administration des travaux publics, sur le situation des chemins de fer français, que ceux qui font l'objet de la brochure in-quarto qui paraît tous les ans sous le titre de *Statistique centrale des chemins de fer*; mais il ne s'y trouve aucun document concernant l'exploitation de ces voies. J'ai donc été obligé de chercher ailleurs.

Il m'a semblé, dès l'instant qu'il s'agissait de constater une sorte de décadence ou de discrédit de la vitesse, qu'il serait plus concluant de comparer les recettes de la grande et de la petite vitesse à des intervalles d'une certaine longueur. *L'annuaire officiel des chemins de fer*, publié par la librairie Chaix et Cᵢᵉ m'en a fourni le moyen. Comme je n'avais pas le choix, j'ai fait cette comparaison pour les années 1855 et 1864 (88). Le tableau ci-après en donne les résultats *pour mille francs de recette totale*, par rapport aux six grandes Compagnies.

NATURE du TRAFIC.	ANNÉES.	NORD.	EST.	PARIS A LYON et à la MÉDITER-RANÉE.	MIDI.	ORLÉANS.	OUEST.	MOYENNES des six Compagnies.	OBSERVATIONS.
		FR.	FR.	FR.	FR.	FR.	FR.	FR.	
Grande vitesse.	1855	509	501	579*	532	484	630	539	*Sommes des recettes des chemins de Paris à Lyon et de Lyon à la Méditerranée.
	1864	428	383	397	393	435	567	434	
Petite vitesse.	1855	491	499	421*	468	516	370	461	
	1864	572	617	623	607	565	433	570	

Il résulte de ce tableau : 1° que la recette moyenne *relative* de la grande vitesse aurait, dans toute l'étendue de la dernière période décennale, diminué d'un *cinquième*, et que la recette moyenne *relative* de la petite vitesse se serait accrue dans la même période d'environ un *quart*; 2° que le rapport de ces recettes était en 1855 :: 54 : 46, et en 1864 :: 43 : 57.

Assurément il n'est pas impossible que, dans une longue période (25 ans), le phénomène énoncé par M. Loubat se soit produit ; — ainsi, à l'origine de l'exploitation du chemin du *Nord*, dans une recette de 1,000 francs, la grande vitesse entrait pour 674 francs et la petite vitesse pour 326 fr., chiffres aux-

(88) Je n'ai en effet à ma disposition que les annuaires de 1856 et de 1865.

quels correspondent respectivement aujourd'hui 428 et 572 francs dont les rapports avec les précédents sont toutefois encore fort éloignés des assertions de l'auteur du système —. Mais d'un côté, les parts respectives de la grande vitesse et de la petite vitesse dans la recette totale ne varient presque plus depuis cinq ou six ans, et, d'un autre côté, l'écart qui subsiste entre elles n'est pas assez considérable pour faire sacrifier l'un des deux trafics à l'autre (89).

Conséquent avec son idée, dont j'ai essayé de préciser la portée, M. Loubat a conçu le plan d'une machine locomotive qui se prête à un grand nombre de combinaisons de forces et de vitesses ; tandis que dans les locomotives circulant sur les chemins de fer ordinaires, l'effort ne peut varier que du *simple au double,* ou à peu près.

Il y est parvenu en changeant tout simplement le mode de transmission de l'action de la puissance à la résistance qu'il s'agit de vaincre.

Dans la locomotive ordinaire, c'est à l'aide de bielles articulées, d'une part aux tiges des pistons, d'autre part à l'essieu des roues motrices, que l'action de la vapeur est communiquée aux convois.

Dans les appareils Loubat, les bielles, articulées également aux tiges des pistons, au lieu d'agir directement sur l'essieu moteur, font tourner un axe intermédiaire muni d'un pignon qui engrène avec une roue dentée fixée à l'essieu des roues motrices et les fait tourner avec un effort égal à la puissance multipliée par le rapport du nombre des dents de la roue dentée de l'essieu à celui des dents du pignon de l'axe intermédiaire, et une vitesse réduite dans le même rapport.

M. Loubat considère une locomotive portant trois appareils susceptibles de réaliser trois combinaisons de forces et de vitesses. Dans le premier, le pignon et la roue avec laquelle il engrène ont des diamètres égaux ; dans le second, le diamètre du pignon est la moitié, et, dans le troisième, le quart du diamètre de la roue dentée.

La première combinaison réalise la locomotive ordinaire, la seconde double, et la troisième quadruple l'effort moteur en réduisant la vitesse dans la même proportion. Au moyen d'un embrayage, M. Loubat se sert de l'une

(89) Dans le réseau de l'*Ouest* même le trafic de la grande vitesse excède encore aujourd'hui d'un quart le trafic de la petite vitesse.

ou l'autre combinaison et proportionne ainsi la force à la résistance à vaincre, que celle-ci provienne de la raideur des rampes à franchir ou de la courbure des raccordements d'alignements.

Se tenant toujours dans le même ordre d'idées, M. Loubat exclut les trains *express* des chemins de fer d'intérêt local, et il établit qu'avec ses machines un chemin de fer dont le profil en long serait composé de paliers et de rampes de 10, 20 et 30 millimètres y occupant des longueurs égales, serait parcouru avec une vitesse réduite de 17 kilomètres par heure, celle des trains omnibus des grands réseaux étant de 28 kilomètres (90).

Je suis parfaitement disposé à convenir que, par l'invention de sa machine, et en supposant que les complications de ses engrenages n'occasionnent pas un temps perdu qui en diminuerait, plus qu'il ne paraît le croire, l'utilité, M. Loubat a rendu service aux départements qui ont dû se contenter pendant longtemps des services des mulets ou des attelages de bœufs. Mais dans nos contrées, où l'on jouit déjà partout de moyens de locomotion presque équivalents à ceux que cet inventeur nous offre — à bon marché, sans doute, nous le verrons plus loin, — je n'hésite pas à dire que l'utilité de son invention ne dépasserait pas la mesure de celle d'une bête de somme dans les pays de montagnes, et n'atteindrait pas celle des machines locomotives des divers systèmes dont l'application aux routes de terre est essayée tous les jours sur tous les points de la France avec plus ou moins de succès.

Grâce aux précieux avantages attachés à l'emploi de la locomotive Loubat, il était permis d'espérer des réductions considérables dans les dépenses tant de premier établissement que d'entretien et d'exploitation (91). Voyons ce qu'il en est.

En ce qui concerne les frais de premier établissement, il résulte de l'étude comparative faite par M. l'Ingénieur de Froissy qu'avec une même largeur de

---

(90) Cette vitesse est de 30 kilomètres à l'heure ; mais je ne chicanerai pas M. Loubat pour si peu. Cependant il convient de remarquer que son système, là où la configuration topographique en autoriserait l'adoption, doterait le pays d'une vitesse égale à très-peu près la moitié de celle des trains omnibus, dans les conditions de l'hypothèse présentée par M. Loubat ; si, au contraire, la déclivité de 30 millimètres était plus ou moins prédominante, cas qui se présenterait le plus souvent, la vitesse réduite serait renfermée entre 9 et 17 kilomètres.

(91) Ce système permet des tracés à déclivités allant jusqu'à 70 millimètres et des raccordements au-dessous de cent mètres de rayon de courbure.

voie, 1 mètre 50, des rails de même poids, 21 kilogrammes par mètre courant, un matériel roulant de même puissance, locomotive de 16 tonnes, et
dans les conditions de tracé respectivement propres aux chemins ordinaires et
aux chemins du système Loubat : 1° les dépenses de construction sur l'étendue
de la partie étudiée seraient, savoir : 1,328,074 francs dans le système usuel,
et de 896,259 dans le second système ; c'est-à-dire à très-peu près dans le
rapport de 3 à 2 ; 2° que, dans ce dernier, la dépense par kilomètre de son
tracé est de 86,973 francs, dans laquelle *l'assiette du chemin, y compris les
ouvrages d'art et les espaces pour gares, magasins, abris, double-voie*, entre
pour 13,847 francs.

Ces résultats rentrent bien dans les données énoncées par M. Loubat, page
38 de sa brochure, qui demande que l'assiette du chemin, ainsi qu'elle vient
d'être définie, lui soit gratuitement livrée, indépendamment d'une subvention
kilométrique de 25,000 francs pour établissement de la voie, construction de
toute espèce, fourniture des machines et du matériel roulant.

Certes, pour des lignes à faible trafic couvrant à peu près les frais d'exploitation, cette partie des propositions de M. Loubat mérite d'être mûrement pesée,
et je n'hésiterais pas à la recommander aux départements qui, peu favorisés de
la nature et de la fortune, se contenteraient des vitesses que j'ai fait connaître
plus haut. Mais telle est-elle la situation du département de la *Somme?* Per-
sonne ne le pense.

Si l'on en excepte la ligne d'*Amiens* à *Beauvais*, par la vallée de la *Selle*,
qui, au seul point de vue de la recette brute, se trouve dans ces conditions (92),
toutes les autres lignes du réseau étudié donneront, dès l'ouverture de l'exploitation, des recettes brutes comprises entre dix et seize mille francs, recettes
dont les unes seront immédiatement rémunératrices ; c'est-à-dire aptes à couvrir à la fois les frais annuels d'exploitation, d'entretien de la voie et du matériel, l'intérêt à 5 p. 0/0 des frais de premier établissement et leur amortissement en un petit nombre d'années, et les autres le seront dès la troisième ou
la quatrième année d'exploitation.

Et encore cette ligne ne pourrait, sans être victime d'un contre-sens, être

(92) La recette brute du tronçon qui appartient au département de la *Somme* est évaluée
à 6,500 francs. (Voir l'Avant-Projet de cette ligne des 13 et 31 juillet 1866.)

établie dans le système Loubat ; car, sans le moindre effort, sans mouvements longitudinaux, en s'adaptant simplement aux ondulations du sol, elle gravit, avec une rampe *maximun* de *cinq* millimètres par mètre, le faîte entre *Somme* et *Seine*. Ce système ne pourrait donc s'y établir à moins de frais.

Au point de vue de l'exploitation, celui qui doit le plus préoccuper les administrateurs, — car il embrasse l'avenir entier, tandis que les frais d'établissement ne sont qu'une question d'actualité, importante sans doute, mais d'un ordre secondaire —, au point de vue de l'exploitation, dis–je, le système Loubat est moins irréprochable et la brochure de son auteur en contient la condamnation implicite (pages 35 à 37). Il en ressort en effet que, dans ce système, les frais d'exploitation y dépasseraient d'un tiers en moyenne les frais constatés sur les lignes des grands réseaux. Ainsi, pour une recette brute de 17,000 francs, M. Loubat évalue ces frais à 12,000 francs ; tandis que le *Nord* a dépensé seulement 8,050 francs en 1852 sur la ligne de *Creil* à *Saint-Quentin* pour une recette brute de 17,500 francs, et 8,600 francs sur la ligne de *Lille* à *Calais* pour une recette brute de 20,000 francs. D'après la règle posée par M. Loubat, les frais correspondant à cette dernière recette s'élèveraient à 13,500 francs. A la vérité, on est en droit de penser que ces frais sont ainsi établis par M. Loubat pour justifier les conditions auxquelles il propose de se charger de l'exploitation. Ces conditions, les voici :

« Tant que la recette brute ne dépassera pas 7,000 francs (93), le département n'aura droit à aucun bénéfice. Lorsque la recette brute dépassera 7,000 francs, l'excédant sera divisé en trois parts : l'une s'appliquera à l'exploitation pour la couvrir du surplus des dépenses qu'exige un trafic plus considérable, l'autre sera attribuée à l'exploitant, la troisième sera acquise au département. »

Pour montrer la situation que ces conditions feraient au sieur Loubat et au département, je prendrai pour exemple le tronçon étudié comparativement par M. l'Ingénieur de Froissy dans le système de l'inventeur et dans le système ordinaire, en adoptant pour ce parallèle les hypothèses les plus favorables au

---

(93) J'ai déjà dit que M. Loubat estime lui-même que, pour ce chiffre de recettes brutes, les frais d'exploitation peuvent n'être que de 5,500 à 6,000 francs. Il retient la différence de 1,500 fr. à 1,000 fr. par kilomètre pour s'indemniser de ses frais de recherches et d'études et se rémunérer de ses droits d'inventeur.

premier, au point de vue des frais d'établissement, et les plus défavorables au contraire au second sous le même rapport ; c'est-à-dire en réduisant à 15,000 francs le matériel roulant dans le premier et en maintenant le poids des rails à 21 kilogrammes, et en portant au contraire à 35 kilogrammes le poids des rails dans le second.

D'après ces données et les conditions exposées plus haut, les éléments de cette comparaison seront, savoir :

1° Système Loubat, rails de 21 kilogrammes par mètre, matériel roulant évalué à 15,000 francs par kilomètre.

Longueur du tracé, 10,305 mètres.

Dépense totale de construction, matériel roulant compris.. 844 734 fr.

dont à la charge du département :

1° L'assiette du chemin . . . . . 142 690 fr.
2° Subvention kilométrique de 25,000 fr. 267 125 } 409 815

Reste à la charge du concessionnaire. 434 919

La recette kilométrique brute de cette ligne est évaluée par M. de Froissy, d'après les documents statistiques recueillis avec la plus scrupuleuse discrétion, et en appliquant au transport kilométrique d'une tonne le tarif de 0 fr. 11 inférieur à celui des marchandises de la dernière classe inséré au projet de cahier des charges, à 16,556 francs. — Elle serait de 18,640 fr. au prix réduit de ce tarif, rapports des 7 juillet et 30 août 1866. — Ne l'évaluons cependant qu'à 16,000 francs et admettons que les frais d'exploitation pour une recette de 16,000 francs sur cette ligne soient en réalité égaux à ceux auxquels a donné lieu en 1852 une recette de 20,000 francs sur la ligne de Lille à Calais, soit 8,600 fr. — M. Loubat les évaluerait à $7,000 + \frac{16,000 - 7,000}{2} =$ 11,500 francs —.

Dans les conditions des propositions Loubat, le bénéfice à partager par tiers entre l'exploitation, l'exploitant et le département, serait de 16,000—7,000 = 9,000 francs.

Donc la part de l'exploitant et de l'exploitation représentés tous les deux par M. Loubat serait de

7,000 fr. + 3,000 fr. + 3,000 fr., soit . . . .   13 000 fr.

et, attendu que les frais réels de l'exploitation ne sauraient

dépasser 8 600

il resterait, comme bénéfice kilométrique net de l'inventeur

concessionnaire, ...   4 400

et pour bénéfice annuel total, à raison de 10ᵏ 305, . . .   45 342

soit plus de 10,40 0/0 de la partie de la dépense restée à sa

charge.

Il est vrai que la part des bénéfices annuels du départe-

ment serait de. 30 915

représentant l'intérêt à 7,50 p. 0/0 de ses charges.

Cette situation serait certainement fort acceptable si le

département de la *Somme* n'avait d'autre ambition que celle

de faire voyager ses denrées et ses marchandises à la vitesse

de 15 à 17 kilomètres par heure, comme autrefois par les

messageries, et renonçait aux trains *express* et même aux

trains *omnibus* des chemins ordinaires, dont la vitesse est de

30 kilomètres.

2° Système ordinaire, rails de 35 kilogrammes, matériel

roulant de 20,000 francs par kilomètre.

Longueur du tracé, 11,523 mètres.

Dépense totale de construction, matériel roulant compris.   1 452 526

Recette kilomét. nette (voir ci-dessus), 16,000 — 8,600,

soit 7,400 fr. ; et pour 11ᵏ,523, ci. 85 270

représentant l'intérêt à 5,83 p. 0/0 du capital de premier établissement ;

c'est-à-dire l'intérêt à 5 pour cent, plus une annuité de 83 centimes par

cent francs de ce même capital, constituant son amortissement au bout

de la trente-neuvième année d'exploitation.

Le revenu net, dans le système Loubat, rendrait disponible une annuité

de 2 fr. 50 pour cent francs, qui réduirait à 21 ans et demi la période de

l'amortissement (94).

---

(94) *Rapport de l'Ingénieur en chef sur la ligne de Péronne à un point de la ligne du Nord*, etc.,
du 20 septembre 1866, page 19 (1).

Cette différence dans la période d'amortissement dans laquelle se résument en définitive les résultats des deux systèmes est-elle un avantage propre au système Loubat ? Oui, s'il ne se présente pas de concessionnaire qui accepte dans l'espèce la garantie de 5 fr. 83 pour cent du capital évalué et une durée d'exploitation ne dépassant pas sensiblement 39 ans, — par exemple 50 années, — attendu que dans le système Loubat, le concessionnaire est tout trouvé. Mais d'un côté, il est permis d'espérer — on en jugera par la suite — que l'importance même au point de vue de la spéculation des chemins de fer d'intérêt local de la *Somme* étant bien connue et appréciée comme elle mérite de l'être, leur concession ne pourra éprouver tout au plus que quelques retards, auxquels il sera sage de se résigner d'avance, mais non point de difficultés insolubles ou même sérieuses. D'un autre côté, il n'y a pas de comparaison possible, à tous les autres points de vue, sociaux, économiques, etc., entre les résultats des deux systèmes.

On le voit ; ce qu'il y a de réel, d'incontestable dans le système Loubat, c'est le caractère économique de l'établissement de la voie et du matériel roulant. Quant à l'exploitation, elle ne peut satisfaire les aspirations d'une contrée favorisée comme le département de la *Somme*.

Et encore faudrait-il compter dans les frais de premier établissement les charges départementales à raison de 40,000 francs par kilomètre.

Mais si le département se contentait d'une vitesse de 17 kilomètres à l'heure, il pourrait en doter toutes les routes impériales et départementales, c'est-à-dire un développement de douze cents kilomètres de voies, pour le prix que lui coûteraient cent kilomètres du chemin Loubat (95). Il suffirait pour cela, soit de corriger sur place, soit de rectifier par voie de détournement les parties de ces routes dont les déclivités excèdent sensiblement 30 millimètres par mètre et qui entrent dans ce chiffre de développement pour un septième environ, soit

(95) Au moment de terminer ce rapport, je reçois la communication de trois demandes faites au nom de la Compagnie générale des messageries à vapeur par M. le baron de Vincent, son président, à l'effet d'être autorisée à établir un service de transport des marchandises et des voyageurs au moyen de trains remorqués par des locomotives sur les trois routes ci-après, savoir :

1° Route impériale n° 15 *bis* entre *Beauvais* et *le Tréport ;*
2°   — n° 28 entre *Neufchâtel* et *Abbeville ;*
3° Route départementale n° 2 entre *Péronne* et *Saint-Quentin.*

170 kilomètres. Ces améliorations, à raison de 25,000 francs par kilomètre, prix réduit des rectifications effectuées dans le département de la *Somme*, donneraient lieu à une dépense de 4,250,000 francs représentant la subvention à donner à M. Loubat pour l'établissement de 106,250 mètres de chemins dans son système.

Sans doute la totalité de ces routes ne se trouve pas dans des conditions de trafic assez favorables pour déterminer l'industrie des transports à profiter des dispositions de l'arrêté ministériel du 20 avril 1866, qui règle les conditions auxquelles un service de traction par locomotives peut y être autorisé ; mais je suis convaincu qu'on en trouverait au moins un quart, soit 300 kilomètres, dont l'exploitation par locomotives présenterait des avantages suffisants pour attirer la spéculation, si leurs plus fortes déclivités étaient réduites au taux maximum de 30 millimètres par mètre ; ce qui n'imposerait, tant à l'État qu'au Département, qu'un sacrifice d'un million, en nombres ronds, moyennant lequel on ne pourrait avoir que 25 kilomètres de chemin dans le système Loubat. Pour mon compte, j'avoue que je lui préférerais de beaucoup cette solution qui aurait l'avantage de donner à très-peu de frais une première et appréciable satisfaction à la généralité des intérêts départementaux, et de préparer, par le développement du trafic qui en serait la conséquence naturelle, la solution définitive de la question des transports économiques dans le sens le plus large et le mieux approprié à l'importance de notre département.

Les considérations qui précèdent et les conséquences exposées découlent des données mêmes de la brochure, dont j'ai admis implicitement l'exactitude, parce qu'elles ne répugnent pas à la théorie ; mais dans la pratique on est obligé de les corriger dans une certaine mesure. Ainsi, dès l'instant que M. Loubat n'obtient *l'adhérence* de sa locomotive aux rails qu'au moyen de la *pression* qu'y exercent ses roues motrices, il est évident que sa force de traction est proportionnelle à son poids. Mais ce poids se répartit sur les diverses roues de la locomotive suivant une loi à laquelle ne satisfait pas la part de la pression totale qu'il attribue à l'essieu moteur de sa machine. Selon lui, cette part serait en effet de 6^t, 5 pour une machine pesant 10 tonnes, y compris l'approvisionnement d'eau et de combustible. Or cette part (96) est généralement

(96) *Tables de Claudel* — Adhérence des roues sur les rails.

de 5^t, 5 pour une locomotive de 12 tonnes. On ne peut donc pas l'évaluer à plus de 5 tonnes pour une locomotive de 10 tonnes.

D'un autre côté, l'adhérence aux rails qui varie du *septième* (*rails parfaitement secs*) au *vingt-septième* de cette part de pression (*rails boueux*), est supposée par M. Loubat d'un *sixième* ; d'où il conclut qu'avec sa machine, de la force de 40 chevaux, il peut vaincre une résistance de 1,100 kilogrammes. Et comme, sur un palier, elle peut traîner 30 tonnes dont *l'effort résistant* est de 270 kilogrammes, il pose en fait que cette résistance, et par suite le tonnage remorqué, pourra quadrupler sans que l'adhérence soit en défaut.

Mais M. Loubat évalue évidemment trop haut le *coefficient* de l'adhérence. Il est d'usage, dans la pratique, de ne compter que sur $\frac{1}{10^e}$ de la pression des roues motrices sur les rails (97). A ce compte, et cette pression n'étant que de 5 tonnes, sa machine ne pourrait vaincre qu'une résistance de 500 kilogrammes au lieu de 1,100 et remorquer au *maximum,* sur un chemin de niveau, que 56 tonnes au lieu de 120 tonnes suivant ses appréciations.

C'est donc dans ce rapport qu'il convient de réduire les résultats proclamés par M. Loubat, résultats purement théoriques ou plutôt hypothétiques, et que l'auteur lui-même, à la suite d'une longue expérience faite sur l'accotement gauche de la route de *Paris* à *Saint-Germain,* n'a pu caractériser que par ces mots « la machine n'a pas cessé de fonctionner, depuis huit mois, *avec toute la régularité et toute l'utilité désirables* » qui non-seulement n'apportent dans l'esprit aucune notion précise, mais dont la justesse même a été contestée par M. le Président du Conseil général de la Somme (98).

On voit qu'il faut en rabattre beaucoup des assertions de M. Loubat, qui ont servi de base à la comparaison à laquelle je me suis livré à propos de l'étude de M. de Froissy ; et que, si son mécanisme particulier de transmission de la puissance à la résistance lui permet d'augmenter l'effort moteur aux dépens de la vitesse, ce n'est qu'en réduisant celle-ci à une expression inacceptable, qu'il pourra parvenir à remorquer un tonnage rémunérateur, surtout sur des rampes dépassant la déclivité de 12 millimètres par mètre,

(97) *Tables de Claudel.* — Adhérence des roues sur les rails.

(98) « M. le Président ajoute qu'il a vu fonctionner le système Loubat; que ce système lui a paru défectueux ; les trains ne vont pas plus vite que les anciennes diligences. » (Procès-verbal de la séance du 1er septembre 1866, page 476).

limite que, sur la recommandation de M. le Préfet, les Ingénieurs se sont imposée pour l'étude du réseau des chemins de fer de la *Somme*, dans le système des chemins *alsaciens*.

Je crois en avoir assez dit sur le système Loubat. Je dois cependant ajouter qu'il a été repoussé par la plupart des Conseils généraux, et particulièrement par celui de la *Seine-Inférieure*.

Résumé de l'examen des divers systèmes.

Je me résume en exprimant l'espoir d'avoir mis le Conseil général, par l'examen que je viens de faire des rapports qui lui ont été présentés dans ses sessions de 1865 et 1866, en mesure d'apprécier : 1° le peu de fondement des appréhensions qui y sont exprimées en ce qui concerne l'établissement du réseau des chemins de fer d'intérêt local de la *Somme* dans le système usuel et les résultats de leur exploitation ; 2° l'exiguïté des avantages que le département doit attendre, soit d'un système de chemin à voie étroite, soit de l'adoption du système Loubat pour l'exécution et l'exploitation de ses voies de communication rapide et économique ; 3° enfin les motifs dont mon service s'est inspiré pour ne pas restreindre les études que le Conseil général et M. le Préfet ont bien voulu lui confier à l'unique solution par la voie de 1^m,25 du problème de la constitution dudit réseau.

Programme des études.

Mon premier soin a été de dresser un programme général des études conforme aux intentions de M. le Préfet et du Conseil général, et de tracer la marche à suivre pour en coordonner les résultats. Je m'y suis attaché en outre à concilier l'économie dans les frais de premier établissement avec les conditions d'une exploitation facile et peu dispendieuse.

D'après ce programme, chaque ligne devait être étudiée dans les deux systèmes de voie, de 1^m,50 et de 1^m,25 de largeur, avec rails de 30 kilogrammes (99), et de 16 kilogrammes de poids par mètre courant.

(99) L'étude était faite sur cette donnée lorsque M. l'Inspecteur général de la division m'a conseillé de présenter l'évaluation dans le système de la voie large en supposant des rails de 36 kilogrammes, afin de se trouver en harmonie de proportions avec le réseau du Nord auquel la totalité des lignes du réseau d'intérêt local doit se raccorder. Cette disposition, qui a pour effet de porter au *maximum* les prévisions de dépense, ne peut avoir aucun inconvénient dès l'instant qu'on en est prévenu. Je n'ai donc pas hésité à introduire cette modification dans

Dans le premier système (voie de 1^m,50), le profil en travers type a été réglé ainsi qu'il suit (Voir la feuille de dessins jointe au présent) :

1° *En terrain perméable,*

Largeur du ballast { au couronnement . . . . . . , . . 2^m,90

{ à la base. . . . . 4 ,10

Hauteur d'id . . . . 0 ,40

Largeur totale de la plate-forme, y compris deux banquettes de 0^m,45 entre le pied du ballast et l'arête extérieure de ladite plate-forme 5   »

2° *En terrain imperméable,*

Même profil accompagné, dans les tranchées, d'un fossé de chaque côté, ayant 0,167 de creux, 0,50 de largeur en gueule, et 0,166 d'id. au plafond.

Dans le second système, les dimensions arrêtées pour les diverses parties de la plate-forme sont les suivantes :

1° *En terrain perméable,*

Largeur du ballast { au couronnement . . . . 2^m,50

{ à la base. . . . . 3 ,55

Hauteur d'id. . . . . 0 ,35

Largeur totale de la plate-forme, y compris deux banquettes en terre de 0^m,40 de largeur chacune . . . . 4^m,35

2° *En terrain imperméable,*

Même profil accompagné, dans les tranchées, de fossés de même section que pour la voie de 1^m,50.

Les dispositions recommandées pour le profil en long laissaient aux Ingénieurs toute la latitude que comporte la condition de ne pas rendre les che—

les évaluations de MM. les Ingénieurs. Il sera toujours temps d'arrêter le vrai chiffre de la dépense de la voie lorsque le poids des rails aura été réglé après débat entre le département et la Compagnie concessionnaire.

mins d'intérêt local inaccessibles aux locomotives ordinaires. En conséquence, le *maximum* des déclivités a été fixé à 0^m,012 par mètre.

Tracé en plan. — Courbes de raccordement.

Le rayon *minimum* des courbes de raccordement des alignements droits à été fixé à 300 mètres.

Toutes ces dispositions sont communes au système de la voie large et à celui de la voie étroite.

Déclivité *maxima* et rayon *minimum* dans le système Loubat.

Pour l'étude d'un spécimen de chemin de fer dans le système Loubat, le maximum des déclivités a été porté à 30 millimètres par mètre et le minimum des rayons des courbes de raccordement, abaissé à 100 mètres.

Nombre de voies. — Acquisition de terrains.

Dans la première période de l'exploitation, dont il n'est pas possible d'assigner dès-à-présent la durée, on devra renoncer aux trains de nuit et se contenter d'un petit nombre de trains de jour dans chaque sens, calculé de manière à éviter tout croisement de deux trains marchant en sens contraire. La raison d'économie autant que l'importance restreinte du trafic dans cette première période conseillent cette mesure. Elle permet donc de n'ouvrir d'abord que sur une voie, sauf à établir, en vue des cas imprévus et des modifications de service que la progression du trafic pourrait nécessiter, un certain nombre de voies d'évitement. On a évalué les voies d'évitement et de garage à raison d'un cinquième de développement de la ligne entière.

Sur quelques lignes existantes, construites à une seule voie, on a cru devoir néanmoins acquérir, dès l'origine, la zone de terrains nécessaire à l'établissement d'une seconde voie. Cette manière de procéder m'a paru reposer sur une erreur économique. On prétend que, l'établissement d'un chemin de fer ayant pour effet immédiat de doter les terrains riverains d'une notable plus-value, l'acquisition de l'assiette de la seconde voie, si elle était remise après l'ouverture de la première, grèverait de la totalité de cette plus-value la dépense définitive. Sans contester le moins du monde cet effet inévitable, car il est l'une des principales raisons d'être des chemins de fer d'intérêt local, je prierai de remarquer que les terrains qui seraient préalablement acquis dans cette prévision resteraient généralement incultes ou ne recevraient qu'une culture peu productive jusqu'au moment, fort éloigné dans la plupart des cas, où ils seraient appliqués à leur destination, et que les intérêts composés de leur prix d'achat, qui seront à peu près perdus jusque-là, dépasseraient le plus souvent l'importance de la plus-value que ces terrains auraient acquise s'ils étaient restés dans les mains de leurs détenteurs primitifs. D'ailleurs une semblable pratique ne se concilierait plus avec la jurisprudence actuelle du Conseil d'État en matière d'expropriation pour cause d'utilité publique.

Ces motifs m'ont déterminé à ne faire entrer dans les estimations que le prix d'achat des terrains pour une voie unique.

L'évaluation du trafic des lignes du réseau était la partie la plus délicate de la mission des Ingénieurs. C'est l'élément du trafic qui contient, dans son expression numérique, — dans son chiffre — la solution de la question d'être ou de n'être pas pour ces lignes. Il importait de l'établir sur des documents positifs relevés consciencieusement auprès des personnes les plus compétentes. Un tel chiffre en effet est plus éloquent, plus concluant que toutes les dissertations roulant sur des hypothèses, que toutes les inductions tirées d'exemples mal connus ; et son autorité est moins contestable que celle des opinions préconçues, quelque consciencieuses et respectables qu'elles soient.

C'est en faisant une sorte d'inventaire des productions du pays et de ses besoins, en calculant, au moyen des données recueillies avec soin sur les lieux mêmes auprès des producteurs industriels et agricoles, des hommes d'affaires, des officiers ministériels, des instituteurs, etc., le trafic propre à chaque station, d'après la population qu'elle est destinée à desservir dans un rayon de huit kilomètres, sa consommation d'objets importés et l'excédant de sa production sur sa consommation, que les Ingénieurs ont dû établir le montant très-approximatif de la recette brute dont ces divers éléments sont autant de sources pour chaque station, et par suite la recette brute kilométrique propre à chaque ligne, due exclusivement au trafic actuel.

Je joins au présent un exemplaire du cahier imprimé sur lequel les agents devaient consigner, à fur et à mesure qu'ils étaient relevés, les éléments nombreux et variés du trafic actuel des communes situées dans le rayon des stations exprimé plus haut. On verra par là que, quelque développé que soit ce questionnaire, s'il pouvait prêter à la critique, ce serait plutôt pour être incomplet que pour constater des éléments imaginaires de trafic.

Évaluation du trafic.

Les Ingénieurs devaient d'ailleurs contrôler les résultats ainsi obtenus au moyen des relevés de la circulation les plus récemment exécutés sur les parties des routes impériales et départementales dont, à raison de leur situation par rapport aux lignes projetées, le trafic doit être forcément détourné en totalité ou en partie au profit de ces dernières.

On reconnaîtra, je l'espère, par l'examen des dossiers particuliers à chaque ligne : 1° qu'il y a concordance suffisante entre les résultats fournis par ces deux méthodes d'investigation ; 2° que ces résultats, dégagés de tout élément hypothétique, ne représentent absolument que le trafic dans lequel pourront se traduire les relations agricoles, industrielles, commerciales et sociales usuelles.

Avec des données, épurées d'ailleurs par une analyse critique préalablement faite par les Ingénieurs, la discussion a une base sur laquelle elle se trouve solidement assise et un guide sûr, grâce auquel elle ne craint pas de s'égarer.

Telles sont les règles principales qui, avec les recommandations relatives à la représentation graphique des résultats des études, lesquelles sont conformes aux instructions spéciales du 14 janvier 1850 sur la rédaction des projets et avant-projets, constituent le programme des études exécutées par le service des Ponts-et-Chaussées, au moyen duquel l'unité de rédaction a pu être réalisée dans la mesure du possible.

Rôle des lignes désignées par le Conseil général. Le Conseil général ayant désigné lui-même les lignes du réseau à étudier, il peut paraître superflu de rechercher si elles satisfont aux conditions du *rôle spécial que la loi du 12 juillet 1865 a entendu leur assigner*. L'essentiel est qu'elles répondent aux besoins et aux aspirations des populations du département; et j'ai déjà fait voir qu'elles remplissent cette condition de la manière la plus large.

Cependant, je dois le dire, si le *rôle spécial* qu'on fait ressortir pour ces chemins de la dénomination que la loi leur donne, devait être *exclusif de toute autre destination*, les chemins désignés ne satisferaient point à la formule.

En effet, d'après la circulaire n° 15 de M. le Ministre des Travaux publics, en date du 12 juillet 1865, « ces chemins devront avoir pour objet de relier les localités secondaires entre elles ou avec les grandes lignes actuellement décrétées, *en suivant, soit une vallée, soit un plateau, mais en évitant de traverser les grandes vallées ou les faîtes de montagnes,* points sur lesquels se trouvent généralement accumulés les ouvrages les plus dispendieux. »

Or si l'on se reporte à la description topographique et hydrographique du département de la *Somme* (page 41 du présent et 9 du rapport de l'Ingénieur en chef sur les deux lignes qui se croisent à *Doullens*), on reconnaîtra : 1° qu'à l'exception de la ligne d'*Amiens* à *Beauvais* située sur notre territoire, dont le tracé se tient constamment dans la vallée de la *Selle,* toutes les autres franchissent le thalweg de la *Somme* et les faîtes qui le séparent soit de l'*Authie* et de la *Bresle,* soit de l'*Escaut,* que deux d'entre elles en outre traversent le thalweg de l'*Authie* et les faîtes qui le séparent, l'un du thalweg de la *Canche,* l'autre de celui de la *Scarpe ;* 2° que ces faîtes et ces thalwegs sont raccordés par des versants dont la hauteur atteint, en certains points, 150 mètres, véritables flancs de montagne.

Faut-il conclure de là que les lignes désignées ne satisfont pas aux conditions de la loi du 12 juillet 1865? Non assurément. Il ressort de la circulaire précitée que la loi a eu en vue la création de chemins de fer de construction économique; et M. le Ministre des Travaux publics a énoncé un fait constaté en général, quand il a dit que c'est dans la traversée des grandes vallées ou des faîtes de montagnes que se rencontrent accumulés les ouvrages les plus dispendieux. Mais si, dans les flancs des vallées ne se trouvent pas de ces grandes dépressions qui nécessitent des dépenses considérables, il faut reconnaître qu'ils sont sillonnés par de nombreux égouts qui, par leur multiplicité, rendent souvent assez onéreuses les conditions d'établissement d'une ligne, obligée par sa direction de les traverser tous. Cette situation se produit dans une certaine mesure dans le département de la *Somme.* On peut voir en effet que la ligne d'*Amiens* à *Beauvais,* qui ne traverse aucun thalweg et qui se développe tout le long d'une vallée peu déclive, mais recevant un grand nombre de petits ruisseaux ou fossés d'égouttement, reviendra à 95,705 fr. le kilomètre ; tandis que le kilomètre revient à 98,076 francs seulement sur la ligne de *Cambrai* par la vallée de la *Cologne* et *Chaulnes* qui traverse le grand thalweg de la *Somme,* à *Péronne,* et le thalweg de l'*Avre,* à *Roye.*

Les restrictions exprimées dans la circulaire du 12 août 1865 ne doivent donc pas être prises, particulièrement à l'égard du département de la *Somme,* dans un sens trop absolu ; et je suis autorisé à affirmer que, si les chemins désignés par le Conseil général ne satisfont pas rigoureusement à la lettre de cette circulaire, cette assemblée du moins s'est inspirée à leur égard du véritable esprit de la loi.

Résumé des résultats des études topographiques, techniques et comparatives.

Chaque avant-projet ayant été de ma part l'objet d'un rapport spécial contenant mon appréciation et mes conclusions, il ne me reste plus qu'à présenter sous une forme concise, à mettre en évidence les résultats des études exécutées par les Ingénieurs, et à traiter, d'après ces résultats, les questions relatives à la convenance qu'il peut y avoir de créer dans la *Somme* un réseau de chemins de fer d'intérêt local et, le cas échéant, aux voies et moyens divers propres à assurer l'exécution d'une telle entreprise.

Lignes de *Frévent* à *Gamaches* par *Auxi-le-Château* et *Abbeville*.

L'étude de la ligne de *Frévent* à *Gamaches*, exécutée par M. Frémaux, a été divisée en deux sections qui se raccordent à *Abbeville*, au moyen du chemin de fer d'*Amiens* à *Boulogne*, qui serait emprunté sur une longueur de 2,212 mètres.

La longueur totale de cette ligne, non compris le raccordement d'Abbeville, est de 73,924 mètres.

Elle part du thalweg de la *Canche* (*Pas-de-Calais*), à l'altitude 74^m, et se termine à celui de la *Bresle* (*Seine-Inférieure*), altitude 34^m, où elle doit se raccorder avec la ligne du *Tréport* au chemin de fer de *Rouen* à *Amiens*. Dans ce trajet, elle franchit trois faîtes, savoir : 1° entre *Canche* et *Authie* (altitude 131^m,23, abaissée à 123^m par le projet) ; 2° entre *Authie* et *Somme* (altitude 133^m,69, abaissée à 128^m) ; 3° entre *Somme* et *Bresle* (altitude 116^m, abaissée à 115^m), et elle traverse deux thalwegs : l'*Authie* (altitude 31^m,23, relevée à 36^m), la *Somme* (altitude 6^m,26, niveau du chemin de Boulogne).

Les six versants sur lesquels elle se développe sont parcourus avec des déclivités variant entre 2 et 12 millimètres par mètre. Ces dernières entrent pour 35,900 mètres dans le développement total de la ligne, soit moitié environ.

On voit qu'il eût été difficile de serrer plus étroitement, que ne l'a fait M. l'Ingénieur Frémaux, un terrain qui se présente sous la forme de six versants raides et tourmentés, et de réduire davantage le développement de la ligne.

Nonobstant ces difficultés, on a pu maintenir à 500 mètres le minimum de rayon des courbes de raccordement.

Les frais de premier établissement de cette ligne, y compris le matériel roulant, sont évalués, dans le système de la voie large (1m,50) et avec des rails pesant 36 kilogrammes par mètre courant, à 8,863,000 francs pour la totalité de la ligne, soit 119,883 francs par kilomètre (100).

M. Frémaux n'a pas donné l'évaluation de la dépense dans le système de la voie étroite (1m,25) ; mais on peut, sans errer sensiblement, adopter le chiffre de 94,000 francs pour la dépense kilométrique et celui de 6,950,000 francs pour la ligne entière.

Cet Ingénieur a étudié la ligne entière entre *Frévent* et *Gamaches,* sans distinction de territoires (101) ; mais les diverses pièces de l'avant-projet contiennent les éléments nécessaires à la détermination de la part de dépenses qui revient à chacun des départements qu'elle intéresse. Ainsi, dans la longueur de 73,924 mètres à construire, 18,741m sont situés sur le territoire du *Pas-de-Calais;* et les autres éléments de l'étude permettent de fixer à 2,100,000 francs, en nombres ronds, le prix de revient de cette longueur; ce qui réduit à 6,763,000 la part du département de la *Somme* dans la dépense totale et porte la dépense kilométrique afférente à la traversée de son territoire à 122,556 francs.

Le trafic kilométrique a été évalué par M. Frémaux à 10,692 francs, aux prix du tarif excessivement réduit que la Compagnie du Nord perçoit aujourd'hui sur son réseau. J'ai fait voir, dans mon avis à la suite du rapport de cet Ingénieur, que ce tarif est le résultat des progrès accomplis à la suite d'une longue exploitation, et qu'il y avait d'autant moins de raison de débuter sur les lignes d'intérêt local autrement que sur le réseau du Nord, que ces lignes ont plus besoin d'être protégées à leur naissance. L'intérêt de ces lignes, la

---

(100) Je dois ici réparer l'omission de la plus-value résultant de la substitution des rails de 36 kilogrammes aux rails de 30 kilogrammes pris par l'auteur du projet pour base de ses évaluations, en ce qui concerne les voies accessoires. Il en résulte une augmentation de 33,000 francs pour la dépense totale et de 446 francs pour la dépense kilométrique sur les chiffres portés au rapport du 9 juin 1866, page 21.

(101) M. Frémaux a réparti la dépense totale entre les deux départements, proportionnellement aux longueurs des sections situées sur leurs territoires respectifs. J'ai cru devoir faire cette répartition d'après les divers éléments de dépenses propres à chaque section. Il résulte de ces deux manières de procéder une différence d'environ 1/20e.

justice, commandent de les doter, au début du moins, du tarif dont les anciens réseaux eux-mêmes ont joui dans leurs commencements, sauf à relâcher progressivement ces entraves à fur et à mesure que leur trafic se développera. L'application de ce principe m'a conduit à une recette kilométrique brute de 13,365 francs.

J'ai établi dans ce même avis qu'en admettant, dans la progression des recettes, une vitesse égale seulement à la moitié de celle qui a été observée dans le *Nord*, un chiffre de recettes de 15,000 francs serait atteint au bout de la seconde année d'exploitation.

Dans ces conditions, la recette nette, c'est-à-dire la recette brute dégagée de tous frais d'exploitation, d'administration, d'entretien de la voie et du matériel roulant, qu'on ne doit pas évaluer ensemble à plus de 60 p. 0/0, soit 9,000 francs, la recette kilométrique nette serait pour l'ensemble de la ligne de 6,000 francs, représentant l'intérêt à 5 p. 0/0 du capital de premier établissement dans le système de la voie de 1ᵐ, 50.

Si l'on pousse la prudence à ce point de ne tenir aucun compte de cette éventualité si logique, à si courte échéance, qu'elle se confond avec l'actualité, ou si l'on veut seulement en laisser tout le bénéfice à la *concession*, il restera encore, déduction faite des 60 centièmes de la recette brute pour frais d'exploitation, 5,346 francs de produit net, représentant l'intérêt de 4.5 0/0 du capital.

Ainsi, de quelque manière qu'on apprécie le produit de la ligne, son utilité est incontestable, et sa possibilité, même au point de vue de la spéculation, entrera facilement dans le domaine de la pratique à la faveur de quelques dispositions peu onéreuses pour les finances départementales.

Une Compagnie qui admettrait la rapide progression justifiée par tous les précédents, serait convenablement rémunérée par les produits nets d'une exploitation de 48 ans (soit 50 ans pour tenir compte de la transition des deux premières années) et une garantie d'intérêt de 5.5 0/0, dont 0.5 d'amortissement du capital, représentant une subvention annuelle de 44,315 francs, calculée sur un capital de 8,863,000 francs, ou par une subvention en capital de $\frac{8,863,000}{(1.05)^{50}} = 772,888$ francs, une fois payés.

Il va sans dire que l'une ou l'autre subvention devrait être supportée par les deux départements intéressés dans le rapport des dépenses qui leur incombent, c'est-à-dire :: 6,763,000 : 2,100,000. Les parts de subvention de la *Somme* seraient donc, dans le premier mode, de 33,815 francs, et, dans le second, de 589,760 francs.

Si l'on se trouvait en face d'une Compagnie qui n'admettrait pas cette éventualité, la garantie d'intérêt de 5.50 0/0 du capital représenterait, par rapport à la ligne entière, le paiement pendant 48 ans, durée de l'amortissement, d'une annuité donnée par la formule $x = \frac{0.05}{10.92131} \times 8,863,000 = 53,533$ francs pour l'amortissement du capital et de 4,432 francs pour compléter l'intérêt à 5 0/0, soit une subvention annuelle de 57,965 francs, ou une subvention en capital exprimée par $S = 57,965 \times \frac{1,05 - \frac{1}{(1.05)^{48}}}{0,05} = 1,105,810$ francs, une fois payés.

Dans ce deuxième cas, la part qui incombe au département de la *Somme* serait de 44,230 francs de subvention annuelle, ou de 843,800 de subvention en capital.

Le produit net de l'exploitation donnerait 6.38 0/0 du capital de construction dans le système de la voie de 1^m,25, si la nécessité du transbordement qui s'imposerait, non-seulement aux deux extrémités de la ligne, mais encore vers son milieu — au chemin de *Boulogne* — n'était pas, d'une part, une cause de diminution de son trafic, et si, d'une autre part, elle n'obligeait pas la Compagnie concessionnaire à réduire ses tarifs, afin de compenser jusqu'à due concurrence les faux frais occasionnés par cette manœuvre, qui sans cela grèveraient les transports.

Je suis convaincu que ces deux causes réunies d'amoindrissement de l'utilité du chemin de fer feraient descendre la recette nette au-dessous de 5 0/0 du capital de premier établissement.

J'ai dit dans mon rapport du 30 août 1866 comment j'avais été amené à joindre les deux lignes de *Frévent* à *Amiens* par *Doullens* et d'*Airaines* à *Doullens* avec prolongement sur *Arras* dans l'examen des avant-projets dont elles ont été l'objet.

Lignes de Frévent, par Doullens, à Amiens, et d'Airaines à Doullens, avec prolongement sur Arras.

Je ne les séparerai pas non plus dans ce résumé.

Deux tracés ont été étudiés pour la première, l'un par M. l'Ingénieur Barrault, pour le compte du comité de *Doullens*, l'autre par le service des Ponts-et-Chaussées.

Ligne de Frévent à Amiens, par Doullens.

Bien que le premier présente sur le second un raccourci total de 4,825 mètres entre les points extrêmes, j'ai montré : 1° qu'il comporte une augmentation de 1,575 mètres dans la longueur à construire, des déclivités de 13 à 18 millimètres sur près de 22 kilomètres pour racheter des hauteurs s'élevant ensemble à 343^m,25 ; 2° que si l'ingénieur eût voulu ou pu se renfermer dans le *maximum* de 12 millimètres, il eût été conduit à augmenter de 6,849^m,17 le développement de son tracé, ce qui eût fait passer au second tracé l'avantage du raccourcissement de la totalité du trajet ; 3° qu'il franchit le faîte entre *Somme* et *Authie* à 33 mètres (102) plus haut que le tracé que le service des Ponts-et-Chaussées lui oppose, et que la somme des élévations et des abaissements y est plus grande de 131 mètres que dans le second ; 4° qu'en refaisant l'estimation de M. Barrault sur les bases du programme exposé plus haut, afin de rendre les dépenses des deux projets comparables entre elles, les premières excèdent les secondes de 490,000 francs pour la totalité et de 5,788 fr. par kilomètre ; 5° qu'enfin, sous le rapport du trafic et des services qu'ils sont susceptibles de rendre aux localités qu'ils traversent respectivement, les deux tracés doivent être considérés comme équivalents.

Il a donc été établi, par cet examen comparatif, que le tracé étudié par les Ingénieurs présente une économie de construction de 490,000 francs, soit plus d'un douzième de la dépense totale, et que l'exploitation s'y fera dans les conditions ordinaires et avec le même matériel roulant que celui qui circule sur le réseau du *Nord* ; tandis que sur une ligne qui a, sur plus du tiers de son développement, des déclivités variant entre 13 et 18 millimètres, elle exigerait un matériel spécial et donnerait lieu par suite à des dépenses sensiblement supérieures (103).

Il y a lieu de penser après cela que le Conseil général reconnaîtra avec les Ingénieurs que la solution qu'ils ont obtenue de la question de tracé de la ligne de *Frévent* à *Amiens* par *Doullens*, l'emporte de beaucoup, à tous les points de vue, sur celle qu'a présentée le comité formé dans cette dernière ville.

Comme la précédente, la ligne de *Frévent* à *Amiens* a son origine au thal-

(102) En réalité, c'est à 38 mètres plus haut à cause d'une erreur de 5 mètres constatée dans le nivellement de M. Barrault.

(103) Cette assertion est conforme aux principes. Ceux-ci se trouvent rappelés dans une dépêche ministérielle déjà citée du 23 décembre 1865.

weg de la vallée de la *Canche* (gare de Frévent, altitude 74ᵐ) et franchit le faîte qui sépare cette vallée de celle de l'Authie. Le passage s'effectue à l'altitude 157ᵐ,89, abaissée par le projet à 153ᵐ,51. Elle se termine dans la vallée de la *Somme*, commune de *Daours*, où elle rencontre le chemin du *Nord*, à l'altitude 31ᵐ,40. La traversée du faîte entre *Authie* et *Somme* est singulièrement facilitée par la topographie de la contrée dans laquelle le tracé se développe. Une fois, en effet, dans la vallée de l'*Authie*, le tracé la remonte jusqu'au confluent de la petite vallée tributaire dite *fossé de Marieux* qu'il enfile pour s'élever à l'un des points les plus déprimés du faîte, en regard de l'origine de la vallée de l'*Hallue*, coulant en sens inverse vers le grand thalweg de la *Somme*. Le passage du faîte a lieu effectivement à l'altitude 125ᵐ,80, à fleur de sol, tandis que le tracé du comité de *Doullens* franchit le même faîte à l'altitude 158ᵐ,87. A partir de ce point, le tracé entre pour ne plus en sortir dans la vallée de l'*Hallue*.

La longueur développée du tracé entre les gares de *Frévent* et d'*Amiens* est de 65,150 mètres qui se décomposent ainsi :

(104)

Longueur à construire sur { du département du *Pas-de-Calais*		13,462ᵐ
le territoire { id. de la *Somme*.		41,288
Emprunt fait sur la ligne du *Nord*, entre *Daours* et la gare d'*Amiens*		10,400
Total égal . . .		65,150ᵐ

Toute cette distance a pu être franchie sans excéder la déclivité *maxima* de 0ᵐ,012, qui n'affecte qu'une longueur de 10,875ᵐ,33, à peine le cinquième de la longueur à construire. Quant aux courbes de raccordement, deux seules ont dû être décrites avec le rayon *minimum* de 300 mètres, afin d'éviter ces accidents de terrain qui précèdent et suivent assez souvent l'origine de deux vallées opposées.

Les frais de premier établissement, dans le système de la voie de 1ᵐ,50 avec rails de 30 kilogrammes, sont évalués, pour la totalité de la ligne, ma-

(104) Savoir : 7,800ᵐ entre Frévent et la limite, et 5,662ᵐ dans l'enclave formée par les communes d'*Ampliers*, *Orville* et *Sarton*.

tériel roulant compris, à 5,700,000 francs, soit à raison de 104,110 francs le kilomètre.

Ces frais sont, dans le système de la voie étroite, de 4,350,000 francs pour la totalité, et de 79,470 francs pour un kilomètre.

La partie de la dépense à la charge du département du *Pas-de-Calais* pour la longueur du trajet de la ligne sur son territoire dans le système de la voie large peut être évaluée, d'après les divers éléments de l'avant-projet, à 1,280,000 francs ; ce qui réduit à 4,420,000 francs la part afférente au département de la *Somme*.

Dans le système de la voie étroite, les parts respectives des départements de la *Somme* et du *Pas-de-Calais* seraient, en nombres ronds, de 3,373,400 francs et de 976,600 francs.

L'auteur des études, M. Vilmont, a évalué à 9,732 francs la recette kilométrique brute exclusivement due au trafic local. J'ai dû faire remarquer, dans mon rapport du 30 août, que ce chiffre avait été calculé d'après la somme des recettes probables de toutes les gares ou stations de la ligne ; mais qu'au nombre de ces gares ne figurait pas celle d'*Amiens*, qui devra évidemment faire, pour le compte spécial de la ligne de *Frévent*, des recettes assez importantes. J'ajoutais que M. Barrault dans son étude avait attribué à la gare d'*Amiens* un trafic spécial de 1,600,000 tonnes-kilomètres, mais que ce chiffre me paraissant exagéré, je croyais le devoir réduire à 1 million seulement ; ce qui porterait la recette kilométrique brute à 12,654 francs.

M. Vilmont m'a fait observer depuis que si les recettes propres à la gare d'Amiens ne figurent pas explicitement dans les tableaux des pages 46 à 49 de son mémoire, elles n'en sont pas moins contenues dans le chiffre des recettes produites par le trafic de transit, recettes évaluées en totalité, page 50 du mémoire, à 14,300 francs ; ce qui ne donne qu'une recette kilométrique brute de 259 francs.

Il est difficile d'admettre que la gare d'*Amiens* ne contribue aux recettes de la ligne de *Frévent* que pour une part inférieure à 259 francs, lorsque, d'après les données de M. Barrault, que je crois à la vérité fort exagérées, elle dépasserait *quatre mille francs.*

On peut voir dans mon rapport du 30 août comment j'avais été conduit à poser pour la recette kilométrique brute le chiffre de 12,654 francs. Les explications de M. Vilmont ne m'ont pas paru de nature à résoudre complètement le doute que soulève le désaccord signalé ci-dessus entre ses appréciations et celles de M. Barrault. Je persiste à penser que la vérité doit se trouver aux environs de leur terme moyen, et que, dans tous les cas, elle n'est pas incompatible avec un chiffre de recettes brutes de 12,000 francs par kilomètre.

C'est donc ce chiffre de 12,000 francs, qui excède de 2,000 francs celui que pose M. Vilmont et qui est inférieur de 654 francs à celui que j'avais adopté dans mon rapport du 30 août dernier, que je prendrai définitivement pour base de la mesure de l'utilité immédiate de la ligne d'*Amiens* à *Frévent*.

Si l'on en déduit 7,200, à raison de 60 p. 0/0 de la recette brute pour frais divers d'exploitation, d'administration et d'entretien, le reste, soit 4,800 francs, exprimera le produit kilométrique net de la ligne, représentant l'intérêt à 4,61 p. 0/0 du capital de premier établissement dans le système de la voie de 1^m,50 de largeur.

Un tel revenu serait sans doute insuffisant pour tenter la spéculation; mais il ne faudrait qu'une garantie d'intérêt qui n'engagerait les départements intéressés que jusqu'à concurrence de 0,89 p. 0/0 du capital de 5,700,000 francs, pour assurer à une Compagnie l'intérêt à 5 p. 0/0 et le remboursement intégral du capital dans une période de 48 ans.

Cette garantie d'intérêt équivaut soit à une subvention annuelle de 5,700,000 × 0,0089 = 50, 730 francs à servir pendant 48 ans, soit à une subvention en capital une fois payé de 967,786 francs (105).

Ces subventions seraient supportées par les départements de la *Somme* et du *Pas-de-Calais* au prorata des dépenses qui incombent à leurs territoires, et dont les chiffres ont été posés plus haut. Par application de cette règle, la part de la *Somme* serait, suivant le mode de subvention annuelle, de 39,338 francs, et, suivant le mode de subvention capitalisée, de 750,459 francs.

Dans le système de la voie de 1^m,25 de largeur, le produit net kilométrique de 4,800 francs procurerait, outre l'intérêt à 5 p. 0/0 du capital de premier établissement, un amortissement de 1 p. 0/0 qui reconstituerait ce

(105) $S = \frac{50730}{0.05} \left(1.05 - \frac{1}{(1.05)^{48}} \right).$

capital dans un laps de temps de 35 ans 8 mois et 20 jours. Mais les faux frais occasionnés par le transbordement aux deux extrémités de la ligne augmenteraient d'autant les frais de transport et diminueraient l'utilité de la voie ferrée.

Ligne d'Airaines à Arras par Doullens.

J'ai décrit avec assez de détails, dans mon rapport du 30 août dernier, les divers tracés étudiés par les Ingénieurs pour la ligne d'*Airaines* à *Arras*, pour qu'il me soit permis de m'y référer purement et simplement. Je me bornerai à rappeler : 1° que j'ai proposé d'apporter au tracé de M. de Froissy, à son raccordement avec la ligne d'*Amiens* à *Boulogne,* une légère modification ayant pour objet la suppression d'un raccordement, qui ne paraît pas suffisamment motivé, avec la station de *Longpré* sur ce dernier chemin, et, par suite de la dépense à laquelle il donnerait lieu, qui n'est pas inférieure à *quatre-vingt-mille francs* ; 2° que, des nombreuses variantes étudiées par M. de Froissy, j'ai cru n'en devoir laisser subsister que deux, savoir : en première ligne, le tracé par *Longpré, Domart, Fienvillers* et *Doullens* (Sud), et, en deuxième ligne, la variante qui se détache de ce tracé à *Saint-Léger,* pour se diriger sur *Canaples* et *Candas* et se raccorder de nouveau avec lui vers le confluent de la rivière de *Gézaincourt* et de l'*Authie;* 3° que la partie du tracé comprise entre *Doullens* et *Arras* est succeptible de deux modifications indiquées par M. l'Ingénieur de l'arrondisssement d'*Arras,* et qui paraissent de nature à donner une plus ample satisfaction aux intérêts du département du *Pas-de-Calais,* notamment celle qui, remontant l'*Authie,* à partir de *Doullens,* desservirait directement *Pas,* chef-lieu d'un important canton de ce département, et irait, suivant cette direction, trouver la naissance de la vallée du *Grinchon,* qui l'amènerait directement à *Arras;* que dans le système de l'exécution simultanée de la ligne d'*Airaines* à *Arras* et de la ligne de *Frévent* à *Amiens,* toutes les deux passant par Doullens, cette dernière solution aurait l'avantage d'utiliser pour ces deux lignes un tronc commun d'environ *six kilomètres,* entre la gare de *Doullens* et la station projetée à *Orville,* ce qui amènerait une réduction dans les chiffres des dépenses de premier établissement (106) et même dans les frais d'exploitation;

(106) Cette réduction serait d'*un million* environ au profit exclusif du département de la Somme.

4° que ces modifications ne sont pas de nature à léser les intérêts du département de la *Somme;* mais qu'il convient de s'entendre à leur égard, et avant de statuer définitivement sur l'ensemble du tracé entre ses points extrêmes, avec le Conseil général du *Pas-de-Calais* auquel il appartient d'ordonner l'étude des variantes signalées par M. l'Ingénieur de l'arrondissement d'*Arras* comme étant situées sur le territoire de ce département.

En attendant que ce complément d'études soit exécuté, s'il y a lieu, dans le département du *Pas-de-Calais,* il est permis de prendre pour base d'une appréciation sérieuse — et suffisamment approchée, quoi qu'il arrive — l'une des deux lignes mentionnées plus haut, qui sont le résidu de l'élimination justifiée dans mon rapport précité du 30 août, et qui y sont désignées respectivement sous les dénominations de *première ligne modifiée, deuxième ligne modifiée.* Au point de vue de la dépense, de la longueur du tracé et de l'exploitation même, il n'existe pas de sérieux motifs de préférence entre elles.

La première a, dans le département de la *Somme,* un développement de 53,605 mètres courants, et coûterait, matériel roulant compris, dans le système de la voie large, à raison de 123 fr. 94 par mètre courant, 6,643,804 francs, soit en nombres ronds . . . . . 6 644 000 fr.

La deuxième, ayant 53,192 mètres courants de longueur, coûterait, à raison de 127 fr. 47 par mètre courant, 6,780,384 francs, soit en nombres ronds . · . . . 6 780 500 fr.

Il n'y a pas plus de raison de préférer l'une à l'autre sous le rapport du trafic, qui est le même sur les deux lignes, à *un millième près.*

Je puis donc considérer exclusivement la première de ces deux lignes.

M. de Froissy a calculé aussi les dépenses de premier établissement, pour toutes les lignes et leurs variantes, dans le système de la voie de 1^m,25. On en trouvera les chiffres dans son Mémoire du 7 juillet 1865. Je me crois d'autant plus autorisé à ne pas les reproduire ici que la ligne d'*Airaines* à *Arras* par *Doullens* jouira immédiatement d'un trafic relativement considérable, qui la classe au rang qu'occupaient dans le réseau du Nord, à leur origine, les lignes de *Creil* à *Saint-Quentin* et de *Lille* à *Calais,* et lui assure une large rémunération.

En effet, la ligne d'*Airaines* à *Arras* par Doullens peut être envisagée dans

13

deux situations différentes, selon qu'elle sera exécutée seule ou concurremment avec la ligne de *Frévent* à *Amiens*, qui la croise à *Doullens*.

Dans le premier cas, sa recette kilométrique brute doit être évaluée à 18,640 francs (107). Dans le deuxième cas, la concurrence que lui ferait la ligne de *Frévent* à *Amiens* lui enlèverait une partie de son trafic et réduirait sa recette à 15,470 francs.

Sa supériorité, au point de vue du trafic, sur cette dernière, est tellement accentuée que, selon toutes les probabilités, si elle n'en empêche pas l'exécution, elle fournira du moins un motif très-plausible pour la faire ajourner ; de sorte que, pendant une période assez longue peut-être, dont je n'ai pas la prétention de prédire la durée, elle jouira, non-seulement de tout le trafic donnant lieu au produit maximum posé plus haut, mais encore de tous ses développements dus à la continuité de l'exploitation, et qu'elle pourra en céder une partie, sans voir abaisser ses produits au-dessous de ce chiffre, à la ligne nouvelle qui viendrait à s'établir plus tard dans son rayon d'action.

Or, dans de telles conditions, et en supposant que les frais d'exploitation s'élèvent toujours à 60 p. 0/0 de la recette brute, ce qui devient une exagération dès que celle-ci atteint le chiffre élevé de 18,640 francs, il restera comme recette kilométrique nette, $18,640 - 0,60 \times 18.640 = 7,456$ fr., représentant l'intérêt, à raison de 6 p. 0/0 de la dépense kilométrique de construction, matériel roulant compris, évaluée à 123,940 francs, et l'amortissement du capital sera consommé, sans subvention aucune, et moyennant l'annuité de 1 p. 0/0 disponible après le prélèvement de l'intérêt à 5 p. 0/0, dans une période de 35 ans 8 mois et 20 jours.

Ligne d'*Amiens* à *Beauvais* par la vallée de la *Selle*. D'après la délibération du Conseil général du 25 août 1865, la ligne de *Frévent* à *Amiens* comporte un prolongement vers le *Sud* sur *Beauvais*, à travers la vallée de la *Selle* et le canton de *Crèvecœur* (*Oise*).

Le service des Ponts-et-Chaussées en a fait l'objet d'une étude particulière sous la dénomination de ligne d'*Amiens* à *Beauvais* par la vallée de la *Selle*. Il est bien entendu que cette étude s'est arrêtée à la limite des deux départements. Elle a dû être continuée dans l'*Oise* à la diligence d'un comité local qui s'est constitué à cet effet.

(107) Voir mon rapport du 30 août 1866.

La ligne d'*Amiens* à *Beauvais* offre cette particularité remarquable que sa plus forte déclivité n'excède pas 5 millimètres par mètre, et que, si le rayon d'une seule de ses courbes de raccordement a été abaissé à la limite *minima* de 300 mètres de longueur, ç'a été dans le but unique d'éviter des propriétés de grande valeur et de réduire ainsi le montant des indemnités de terrain à payer. Aussi la dépense kilométrique de premier établissement, matériel roulant compris, ne s'y élève-t-elle qu'à 95,705 francs.

Malheureusement le trafic actuel constaté dans le trajet de la ligne, sur le département de la *Somme,* ne peut être évalué qu'à 6,500 francs, et couvrirait à peine les frais d'exploitation même dans l'un ou l'autre système de la voie étroite ou des chemins Loubat.

Sans doute le contingent que le département de l'*Oise* fournirait au trafic de la ligne en relèverait sensiblement le produit. Mais ce document que MM. les Ingénieurs de ce département sont chargés de recueillir, n'a pas encore été communiqué à mon service. Il convient donc de ne se prononcer sur l'utilité de cette ligne que lorsque les études de nos collègues de l'*Oise* nous auront été communiquées.

La ligne conçue dans le but de relier au *Nord* et au *Sud* avec le chemin du *Nord* les arrondissements de *Péronne* et de *Montdidier* a été l'objet d'études considérables dont j'ai rendu compte, avec tous les développements que comporte un minutieux examen, dans mon rapport du 20 septembre dernier. Je demande donc la permission de m'y référer.

Il ressort de cet examen que le problème posé dans ces conditions est susceptible de *trente solutions,* dont le tableau des pages 14 et 15 de mondit rapport donne la formule et les résultats. On y voit que les dépenses varient, pour la partie située sur le territoire de la Somme, entre un *minimum* de 6,903,200 francs et un *maximum* de 8,507,000 francs, ou pour un kilomètre, entre un *minimum* de 98,076 francs et un *maximum* de 101,595 francs. On voit qu'après la ligne d'*Amiens* à *Beauvais,* c'est le chemin qui se présente dans les meilleures conditions économiques au point de vue de la construction.

C'est aussi, après la ligne d'*Airaines* à *Arras,* celui dont le produit kilométrique brut est le plus élevé; car il atteint sur l'une des solutions le

Ligne partant soit d'Achiet, soit de *Cambrai,* et se dirigeant sur *Péronne, Chaulnes* ou *Nesle, Roye, Montdidier,* vers le chemin de fer du *Nord,* soit à *Breteuil,* soit à *Saint-Just.*

chiffre de 15,462 francs et il descend au plus bas à 12,807 francs. Enfin le rapport du revenu net aux frais d'établissement, matériel compris, varie entre 0,051 et 0,063, laissant, outre l'intérêt à 5 p. 0/0 du capital, un amortissement de 0,001 à 0,013 du même capital, dont la reconstitution, dans le cas le plus défavorable, s'opèrerait dans 79 ans 7 mois, et, dans le cas le plus favorable, dans 31 ans 4 mois.

La conclusion à tirer de ces divers résultats est que, quelle que soit la solution qu'on adopte pour rattacher au réseau du *Nord* les arrondissements de *Péronne* et de *Montdidier*, elle ne doit ajouter aucune charge aux budgets du département, des communes ou de l'État, les produits nets étant suffisamment rémunérateurs. Les légitimes bénéfices qu'une Compagnie concessionnaire doit trouver dans une entreprise de cette nature, seront produits par les années de la concession excédant la durée de la période d'amortissement du capital, indépendamment des accroissements de recettes sur lesquels il est permis de compter.

Deux lignes surtout se distinguent avantageusement de toutes les autres. Ce sont, savoir : 1° dans le système ayant son point de départ à *Achiet*, la ligne désignée sous le n° 1, qui se dirige par *Bapaume, Péronne, Chaulnes, Roye, Montdidier (Sud-Est)* vers le chemin du *Nord*, à *Gannes*, point situé à des distances à peu près égales des stations de *Saint-Just* et de *Breteuil* ; 2° dans le système qui a son origine à *Cambrai*, celle désignée sous le n° 5, qui se dirige par la vallée de la *Cologne*, sur *Péronne*, où elle se raccorde avec la précédente, qu'elle emprunte dans toute sa longueur.

La première assure à une Compagnie concessionnaire, outre l'intérêt à 5 p. 0/0 de son capital de construction, une annuité de 1 p. 0/0, au moyen de laquelle le capital est reconstitué au bout d'une période d'exploitation de 35 ans 8 mois et 20 jours. Par la seconde, la période d'amortissement est réduite à 31 ans et 4 mois.

Elles sont donc à très-peu près équivalentes au point de vue de la spéculation. L'enquête seule peut mettre en évidence celle qui donnera le *maximum* de satisfaction aux intérêts locaux.

Ligne de *Tréport* au chemin de fer de *Rouen* à *Saint-Quentin*.

Il me reste à dire un mot sur la ligne de *Tréport* au chemin de fer de *Rouen* à *Saint-Quentin*.

Cette ligne, dont le tracé devait être concerté entre les deux départements, avait été étudiée par le service vicinal de la *Seine-Inférieure* préalablement à toute entente avec les Ingénieurs de la *Somme*. Nos voisins, se préoccupant surtout de leurs intérêts, ont fait aboutir le tracé sur le chemin de *Rouen*, à la station d'*Abancourt*, solution qui raccourcit en effet toutes les distances à mesurer sur les diverses voies ferrées, tant projetées qu'en voie d'exécution, entre les localités de leur département ; mais qui a le défaut capital, au point de vue des intérêts de la *Somme*, de sacrifier complètement ces derniers.

Le service vicinal présentait, à la vérité, mais comme une variante, qu'il combattait, l'étude d'un tracé qui, se détachant du précédent à la station d'*Aumale*, aboutit à la station de *Fouilloy*, point intermédiaire entre les stations d'*Abancourt* et de *Poix*, sur le chemin de fer de *Rouen* à *Saint-Quentin*, donnant ainsi une satisfaction acceptable aux intérêts de notre département.

Ce dernier tracé, fort satisfaisant en plan, l'est beaucoup moins sous le rapport des déclivités qui s'élèvent à 14 millimètres par mètre sur une longueur de 15,615 mètres ; tandis que, dans le premier, la plus forte déclivité dépasse à peine 10 millimètres. Il se développe en outre sur un terrain très-accidenté ; et bien qu'il présente une diminution de parcours de 3,725 mètres sur son rival, il donnerait lieu à des dépenses presque égales.

Mais il convient de remarquer que cette dernière étude a été faite très-superficiellement et sans aucun souci de la recherche de la meilleure solution possible dans les conditions spéciales du point de rattachement à la ligne de *Rouen*. Il est incontestable que, si l'on commençait l'ascension du plateau d'*Escles*, où *Fouilloy* est situé, un peu avant d'atteindre *Aumale*, en se développant sur le versant droit de la *Bresle*, on améliorerait sensiblement le tracé, non-seulement sous le rapport des déclivités, mais encore sous celui de l'aménagement et de l'équilibre des masses de déblais et de remblais, et on le ferait rentrer dans les conditions de tous les tracés des chemins de fer d'intérêt local de la *Somme*. Ce résultat serait obtenu moyennant un léger sacrifice pour la ville d'*Aumale*, consistant dans l'éloignement de sa station d'un kilomètre à peine. La conciliation des intérêts de deux départements importants vaut bien un semblable sacrifice.

La quatrième commission du Conseil général de la *Somme*, sur la proposition d'un membre de cette assemblée, avait de son côté, dans la séance du 25 août 1865, appelé l'attention de M. le Préfet sur une variante se détachant du tracé de la *Seine-Inférieure*, à *Senarpont*, et remontant par la vallée du *Liger*, affluent de la rive droite de la *Bresle*, jusqu'à la rencontre du chemin de fer de *Rouen* à *Saint-Quentin*, qui se ferait à la station de *Poix*.

Cette variante, qui présente des avantages considérables pour le département de la *Somme*, a été l'objet d'une étude sommaire faite par mon service qui, rectifiant les estimations un peu trop faibles présentées dans le mémoire de M. l'Agent-Voyer en Chef de la *Seine-Inférieure*, notamment en ce qui concerne le matériel roulant qui n'y figure pas pour la moitié de sa valeur et pour les frais généraux qui y sont omis, a pu établir entre les trois lignes la comparaison exprimée dans le tableau suivant :

DÉSIGNATION DES TRACÉS.	LONGUEURS.	DÉPENSES.
Du Tréport à Abancourt.	56 425 ^{m}	6 771 000 $^{fr.}$
Du Tréport à Fouilloy	52 700	6 622 000
Du Tréport à Poix.	55 380	6 950 160

On voit par ce tableau que le tracé du *Tréport* à *Fouilloy* l'emporte sur les deux autres, au double point de vue de la longueur à construire et de la dépense de premier établissement. D'ailleurs, moyennant les améliorations indiquées plus haut et dont la possibilité ne peut pas être mise en doute, l'exploitation ne s'y fera pas dans des conditions moins favorables.

Cependant les trois tracés soumis à l'enquête dans les départements de la *Seine-Inférieure*, de l'*Oise* et de la *Somme*, y ont été appréciés bien différemment.

La commission d'enquête du premier département, après avoir manifesté sa préférence pour le raccordement d'*Abancourt*, *croit devoir laisser à l'administration le soin de concilier, à cet égard, les intérêts de la Seine-Inférieure, de la Somme et de l'Oise.*

Celle de l'*Oise* s'est prononcée en faveur du tracé par *Abancourt*.

Celle de la *Somme*, au contraire, dans un esprit de conciliation, a rejeté le tracé par la vallée du *Liger,* qui présente les plus grands avantages pour notre département, et a émis un avis favorable à la ligne qui aboutit à *Fouilloy.*

Les avis formulés par les Chambres de commerce et les Conseils d'arrondissement sont encore plus divergents.

La Chambre de commerce et le Conseil de l'arrondissement d'*Amiens* ont exprimé leurs sympathies pour le tracé qui aboutit à *Poix* par la vallée du Liger.

La Chambre de commerce d'*Abbeville* a émis un vœu favorable au tracé par *Fouilloy,* et le Conseil d'arrondissement d'*Abbeville* s'est tenu dans une neutralité absolue en ce qui concerne le point de raccordement de la ligne de la *Bresle* avec le chemin de fer de *Rouen* à *Saint-Quentin.*

L'avis de la commission d'enquête de la *Seine-Inférieure* a été adopté par M. le Préfet et par le Conseil général de ce département.

Enfin le Conseil général de la *Somme,* dans sa séance du 1ᵉʳ septembre 1866, a donné *en principe un avis favorable à l'établissement d'un chemin de fer d'intérêt départemental par la vallée de la Bresle, se dirigeant vers Fouilloy, et en principe également un même avis favorable à l'allocation d'une subvention, mais à la condition expresse que le chemin de fer aboutira à Fouilloy, et non à Abancourt.*

Il y a donc lieu d'espérer que la solution qui est déférée à l'Administration supérieure par le Conseil général de la *Seine-Inférieure* sera conforme au vœu exprimé par le Conseil de la *Somme,* d'autant plus que, dans l'opinion de M. le Préfet du département de l'*Oise,* dont la commission d'enquête a émis un avis favorable au tracé par *Abancourt, ce dernier département ne trouverait aucun avantage dans la construction de ce chemin* (108).

La ligne de la *Bresle* se trouvant, pour ainsi dire, en dehors du réseau particulier de notre département, par le seul fait de l'initiative prise à son égard par la *Seine-Inférieure,* je crois devoir épuiser tout de suite ce sujet, qui ne se rattache plus à notre réseau que par la contribution pécuniaire

Concession provisoire de la ligne. — Concours demandé au département de la *Somme.*

(108) *Rapport de M. le Préfet de la Seine-Inférieure* lu au Conseil général de ce département dans la séance du 30 août 1866.

qui nous est demandée dans la dépense de premier établissement.

Cette circonstance m'impose le devoir d'examiner les conditions du traité provisoire passé entre M. le Préfet de la *Seine-Inférieure* et MM. Voruz, Debauge et Fresson, pour l'exécution et l'exploitation de la ligne du *Tréport* à celle de *Rouen à Saint-Quentin*.

Pour discuter ce traité, il est nécessaire d'en reproduire le texte. Le voici :

« L'an mil huit cent soixante-six, le

« Entre le Sénateur, Préfet de la Seine-Inférieure, agissant au nom du département et sous la réserve de déclaration d'utilité publique, et d'autorisation d'exécution des travaux par décrét impérial,

« D'une part ;

« Et MM. Jean-Simon Voruz, à Nantes ; Louis Debauge, 8, rue de Tournon à Paris, Théodore Fresson, 16, place Vendôme, à Paris,

« D'autre part ;

« Il a été convenu ce qui suit :

« Art. 1ᵉʳ. — Le Sénateur, Préfet de la Seine-Inférieure, concède à MM. Jean-Simon Voruz, Louis Debauge et Théodore Fresson, qui l'acceptent, un chemin de fer d'intérêt local du Tréport à la ligne de Rouen à Amiens, et ce aux clauses et conditions du cahier des charges ci-annexé.

« Art. 2. — De leur côté, MM. Jean-Simon Voruz, Louis Debauge et Théodore Fresson s'engagent solidairement à exécuter le chemin de fer qui fait l'objet de la présente convention, et à se conformer, pour la construction et l'exploitation dudit chemin, aux clauses et conditions du cahier des charges ci-dessus mentionné, et ce, dans un délai de trois ans à partir de la livraison des terrains.

« Art 3. — Le Sénateur, Préfet du département de la Seine-Inférieure, s'engage, au nom du même département : 1° à livrer aux concessionnaires les terrains nécessaires à l'emplacement du chemin de fer, de ses ouvrages d'art et de ses dépendances, suivant le tracé qui sera approuvé, des gares et stations, à raison de 2 hectares au plus pour chacune des gares et stations, des chemins latéraux déplacés ou déviés, et ce, dans le délai d'une année à partir du décret de concession ;

« 2° A garantir aux concessionnaires, à titre de subvention pour l'exécution dudit chemin, une somme de 1,710,000 francs à provenir du département de la Seine-Inférieure, des départements voisins, des communes et de l'État, qui leur sera versée comme suit :

« Par l'État 641,250 francs, suivant les échéances qui seront déterminées par le Gouvernement.

« Les concessionnaires devront justifier avant chaque paiement, de l'emploi en travaux et approvisionnements sur place, d'une somme triple de celle qu'ils auront à recevoir.

« Il est entendu que, dans le cas où l'Administration adopterait la variante sur Fouilloy, la subvention, en raison de l'augmentation des dépenses et de la plus grande déclivité des rampes, n'en sera pas moins fixée à 1,710,000 francs (un million sept cent dix mille francs.)

« Fait double, à Rouen, les jour, mois et an que dessus. »

La première réflexion qui se présente à l'esprit, avant tout examen des conditions de la concession, est provoquée par l'alinéa qui termine l'article 3 et dernier du projet de traité. Il en résulte en effet que le traité est basé sur la ligne aboutissant à *Abancourt*, et que la clause exprimée par cet alinéa a pour but de couvrir la Compagnie des risques d'une augmentation des dépenses à sa charge, dans le cas purement hypothétique, aux yeux des contractants, où l'Administration adopterait la *variante* par *Fouilloy.*

J'appelle donc toute l'attention du Conseil général de la *Somme* sur cette clause qui provoque encore une autre observation que j'exprimerai en son lieu.

J'adopterai pour l'examen du traité sa propre base.

Premièrement : On a vu que la ligne d'*Abancourt* a une longueur de 56,425 mètres (109), et qu'à raison de 120,000 francs par kilomètre, estimation faite par les Ingénieurs de la *Somme* dans leur rapport des 4 et 5 mai 1866, estimation admise par M. l'Agent-Voyer en chef de la *Seine-Inférieure* (110), les frais de premier établissement, matériel roulant compris, doivent s'élever à 6,771,000 francs.

Observation. — Le traité suppose une longueur de 57 kilomètres et une dépense de 7 millions.

(109) Voir le profil en long dressé à la date du 14 août 1865 par M. l'Agent-Voyer en chef, adjoint, de la Seine-Inférieure, et visé par M. l'Agent-Voyer en chef le 18 du même mois.

(110) *Rapport* déjà cité de M. le Préfet de la *Seine-Inférieure.*

14

Deuxièmement : Le projet de cahier des charges de la concession contient deux tarifs, savoir : le tarif normal ou définitif, à l'égard duquel l'Administration ne se réserve aucune action, et un tarif supérieur de 70 p. 0/0 au précédent, que la Compagnie est autorisée à percevoir pendant une période de *quinze ans*, à courir du délai fixé pour l'achèvement des travaux. Or, d'après le premier tarif, en supposant que les tonnages kilométriques fournis par les 4 classes de marchandises qu'il admet soient entre eux comme les nombres ci-après : 1, 2, 3 et 4, on trouve que le prix kilométrique réduit serait de 0,106, prix qui excède de 50 p. 0/0 le prix de 0,07 appliqué dans le Mémoire descriptif de M. l'Agent-Voyer en chef. Je veux bien admettre que la Compagnie concessionnaire n'use pas de la faculté d'appliquer le deuxième tarif, ce qui élèverait le prix réduit au chiffre exorbitant de 0,173 ; toujours est-il que le *minimum* de la recette brute est susceptible d'une augmentation totale de $2,855,000 \times 0,036 = 102,780$ francs, ou d'une augmentation kilométrique de 1,800 francs, en nombres ronds, et que le chiffre de cette recette devrait, de ce chef seulement, être élevé à 11,100 francs au moins, chiffre qui ne diffère pas sensiblement de celui de 11,250 francs que j'avais posé dans ma note officieuse du 20 août 1865, suivant un autre mode d'évaluation (111).

Déduisant pour frais d'exploitation une somme de 7,000 francs, comme je l'ai fait à l'égard des chemins du réseau de la *Somme*, dont la recette brute n'atteint pas 11,667 francs, il reste, pour produit kilométrique net, 4,100 francs, lorsque l'intérêt seulement du capital engagé s'élèverait à 6,000 francs, à raison de 5 p. 0/0. Il y avait donc à compléter le déficit annuel de 1,900 francs pendant toute la durée de la concession que le cahier des charges fixe à 99 ans, et à ajouter en sus une annuité *a* capable d'amortir le capital de 120,000 francs à l'expiration de cette période.

Dans ces conditions, l'annuité *a* est exprimée par les 0,00038 du capital de 120,000 francs, soit 45 fr. 60 ; ce qui porterait la subvention totale à servir annuellement pendant 99 ans à 1,945 fr. 60, dont la valeur capitalisée,

(111) Je suis convaincu que la recette s'élèvera dès les premières années de l'exploitation à 14,000 francs par kilomètre. J'ai lieu de penser que c'est aussi la conviction de la Compagnie.

ramenée à l'origine de l'exploitation, est de 40,547 francs (112). A ce taux la subvention totale à accorder à une Compagnie pour la couvrir de toutes ses dépenses, en capital et en intérêts, avec une concession de 99 ans, serait, pour 56^k 425, de 56^k 425 × 40,547 = 2,287,864 francs.

Or le traité accorde à la Compagnie Voruz, Debauge, Fresson : 1° une subvention de . . . . 1,710,000 fr.
2° les terrains nécessaires à l'assiette du chemin et de ses dépendances qui, à raison de 15,000 francs par kilomètre, équivalent à une subvention de 56,425 × 15,000, soit . . . 846,375

Total . . . . 2,556,375 fr.

Cette somme n'excède la précédente que de 268,511 francs. Si l'on considère que les concessionnaires acceptent, pour le paiement de la subvention, les échéances qui seront ultérieurement déterminées, on est obligé de reconnaître que le traité provisoirement conclu entre ladite Compagnie et le département de la *Seine-Inférieure,* tout en assurant à la Compagnie une équitable et large rémunération de ses capitaux et de son industrie, n'impose pas aux finances du département des sacrifices hors de proportion avec les avantages qu'il lui assure (113).

Troisièmement : Le dernier alinéa de l'article 3, déjà cité, suppose bien gratuitement que l'exécution du tracé sur *Fouilloy*, nonobstant le raccourcissement de 3,725 mètres qu'il réalise, donnera lieu à une augmentation de dépenses, même dans l'hypothèse où les déclivités de l'avant-projet seraient maintenues. C'est le contraire qui est vrai, comme on a pu le voir au tableau de la page 106, dont les données sont relevées du rapport des Ingénieurs en date des 4 et 5 mai 1866.

---

(112) $S = \frac{1,945.60}{0.05}\left(1.05 - \frac{1}{(1.05)^{99}}\right) = 40,546$ fr. 93 c.

(113) Il est entendu que ce raisonnement repose sur l'hypothèse d'une recette kilométrique brute de 11,100 francs ; mais elle sera évidemment supérieure dès l'origine et s'accroîtra progressivement dans une proportion que je crois pouvoir évaluer à 6 p. 0/0, au moins dans les huit ou dix premières années. Il y a dans ce fait très-probable une source de bénéfices pour la Compagnie en dehors de la large rémunération qui vient d'être supputée. Le département s'étant réservé la faculté de rachat au bout de *quinze* années à dater de l'ouverture de l'exploitation (Art. 37 du cahier des charges), peut amener la Compagnie à composition ; c'est-à-dire à un partage équitable de ces bénéfices avec elle.

Toutefois, il faut reconnaître que la dépense kilométrique moyenne sur ce tracé excède de 5,655 francs celle du tracé par *Abancourt*.

Quoi qu'il en soit, il n'est pas possible d'admettre, en entier du moins, la clause exprimée par l'alinéa dont il s'agit, et surtout la prétention de faire supporter au département de la *Somme* pour le cas prévu un supplément de subvention de 6,000 francs pour chacun des kilomètres retranchés de la longueur totale de la ligne, par le seul fait de l'adoption du tracé par *Fouilloy* (114).

A mon avis, la contribution de 6,000 francs par kilomètre que la *Seine-Inférieure* demande à la *Somme* n'est acceptable que pour ce dernier tracé. C'est ce qu'a décidé d'ailleurs le Conseil général de la *Somme* dans sa séance du 1er septembre 1866.

Néanmoins, il paraît juste que, dans ce cas, le département de la *Somme* participe à l'augmentation kilométrique ci-dessus mentionnée au prorata de la contribution totale que la *Seine-Inférieure* propose de mettre à sa charge. Cette contribution étant de 5 0/0 de la dépense totale, la subvention kilométrique de notre département pourrait être augmentée de 5,655 × 0,05 = 282 fr. 75, et portée par suite à 6,282 fr. 75 ; ce qui produirait, pour la longueur totale de la ligne, par Fouilloy, 52,700 × 6,282,75 = 331,100 francs, au lieu de 342,000 francs qui lui sont demandés.

Telle est la part contributive qui paraît équitablement incomber au département de la *Somme*, d'après les bases posées par le Conseil général de la *Seine-Inférieure* lui-même.

Projet de cahier des charges.

La rédaction du projet du cahier des charges, arrêtée dans une conférence des Ingénieurs du département, a reçu l'assentiment de M. le Préfet.

Elle est du reste la reproduction des cahiers des charges des concessions les plus récentes, sauf : 1° quelques retranchements portant sur la prévision de services auxquels les chemins d'intérêt local ne paraissent pas devoir être astreints ; 2° quelques additions relatives à l'établissement de haltes aux points

(114) Sur la proposition de M. le Préfet de la Seine-Inférieure, le Conseil général de ce département a fixé, dans sa séance du 30 août dernier, la part contributive du département de la *Somme* à 6,000 francs par kilomètre, soit, pour 57 kilomètres, 342,000 francs.

les plus importants, en dehors des stations, à leur exploitation, à la dé-
livrance de billets d'aller et de retour à prix réduit entre deux gares quel-
conques de la concession (art. 42 *bis*); 3° une légère augmentation des tarifs
usuels motivée sur la protection que demandent, à leur naissance, la presque
totalité des chemins de fer et plus particulièrement ceux qui ne peuvent
compter à leur origine qu'un trafic insuffisamment rémunérateur, et 4° la division en deux classes seulement des matières à transporter, division déjà
admise dans plusieurs concessions.

L'augmentation signalée dans le tarif trouve d'ailleurs un correctif dans
l'article 48, dont les derniers alinéas réservent à l'Administration la faculté
d'abaisser les taxes dans une certaine mesure, à partir du moment où le produit
kilométrique brut atteint le chiffre de 15,000 francs.

Ces diverses modifications, on le voit, sont conçues dans le but de procurer
des facilités nouvelles à la circulation rapide en les conciliant avec les intérêts
des concessionnaires auxquels des tarifs de protection sont offerts.

Les divers avant-projets, dont je viens de faire connaître les dispositions et
les résultats, ont été soumis aux délibérations des Conseils d'arrondissement
respectivement intéressés, dans la deuxième partie de leur session de 1866.

Délibérations des Conseils d'arrondissement.

Le Conseil d'arrondissement d'*Amiens* s'est occupé :

Amiens.

1° De la ligne d'*Amiens* à *Beauvais* par la vallée de la *Selle;*

2° De celle de *Frévent* à *Amiens* par *Doullens;*

3° De celle d'*Airaines* à *Arras* par *Doullens.*

A l'égard de la première, il déclare que, dans l'état actuel des études, il ne
*lui est pas possible de se prononcer, quant à présent, sur l'ensemble d'une
ligne dont la section de Beauvais à la limite de la Somme n'est pas encore
connue, ni quant à son tracé, ni quant à son produit.* C'est l'avis des Ingénieurs.

En ce qui concerne la seconde, on comprend que l'insuffisance de ses produits, dont le Conseil s'exagère d'ailleurs l'importance, le porte à la repousser;
mais si le considérant est nettement exprimé, il n'en est pas de même de la
conclusion.

La troisième ligne dont le produit net probable couvrira l'intérêt du capital engagé et permettra de l'amortir, sans subvention de l'État ou du département, a seule trouvé grâce devant ses yeux. Le Conseil, *considérant que ce chemin présente trois variantes : l'une faisant aboutir la partie qui part de Doullens à Longpré, sur le chemin de fer de Boulogne, l'autre au lieu dit La Breilloire, la troisième à la station d'Hangest, bien que la direction par Longpré paraisse, au premier abord, plus avantageuse, est d'avis de laisser à la Compagnie qui le soumissionnerait le choix de ces variantes.*

Cette conclusion n'est pas en désaccord avec celles des Ingénieurs.

Abbeville.

La ligne de *Frévent* à *Gamaches* par *Abbeville* et celle d'*Airaines* à *Arras* par *Frévent*, ont été l'objet des délibérations du Conseil d'arrondissement d'*Abbeville*.

La première lui paraît n'avoir *aucune chance d'être acceptée par une Compagnie, attendu que, dans son tracé, les centres de production sont négligés au profit des communes qui sont essentiellement agricoles, et que la somme des marchandises qui emprunteraient cette voie ne suffirait nullement, à son sens, pour solliciter l'intérêt privé, en d'autres termes, pour déterminer une association à courir les risques de l'entreprise.*

En conséquence, sur les conclusions conformes de sa commission, le Conseil déclare qu'il n'y a pas lieu d'émettre un avis favorable au projet dont il s'agit.

Je ne me permettrai pas de contredire l'assertion du Conseil : que les *centres de production* sont négligés. Cependant on ne peut contester que le tracé dessert très-étroitement les *grands centres* de production. Quant aux autres, qui n'ont d'importance qu'à cause de leur grand nombre, ils sont tellement disséminés dans le pays, qu'il faudrait pour les desservir d'assez près, non pas une ligne, mais un véritable réseau. D'ailleurs, le Conseil traite bien lestement l'industrie agricole ; et cependant c'est de cette industrie, puissamment développée par la transformation des cultures qu'amènera nécessairement la réduction des prix de transport, que les chemins de fer d'intérêt local doivent attendre la majeure partie de leur trafic. Je pense donc que la prophétie du Conseil d'arrondissement d'Abbeville n'est pas faite pour décourager le Conseil général.

En ce qui concerne la deuxième ligne, le Conseil est d'avis qu'elle n'intéresse pas l'arrondissement.

Il existe sans doute une certaine connexité entre les lignes de *Frévent* à *Amiens* et d'*Airaines* à *Arras*, qui se croisent à *Doullens*; mais elles sont parfaitement distinctes. Le Conseil d'arrondissement de Doullens leur attribue cependant la même destination, et il les a confondues dans la discussion à laquelle il s'est livré à leur égard.

Il déclare tout d'abord *à l'unanimité ne pouvoir s'associer au projet de tracé qui emprunte les vallées de l'Authie et de l'Hallue, qui peut offrir, au point de vue de la construction* — il aurait pu ajouter : et de l'exploitation, — *des avantages réels; mais qui a le tort, suivant lui, de ne point desservir les intérêts qu'il a le mandat de représenter et de défendre.*

Le Conseil donne la préférence au projet Barrault qui, *suivant quelques membres*, donne une satisfaction complète aux besoins des divers cantons; *il est plus direct et plus court; il ne serait point impossible de diminuer la valeur des objections qui lui ont été adressées par M. l'Ingénieur en chef.*

En définitive, et dans le cas où le Conseil général trouverait des inconvénients sérieux à s'associer à sa pensée, le Conseil de *Doullens* demande à l'unanimité la construction de la voie ferrée d'*Airaines* à *Arras*, en négligeant, *pour le moment*, la portion qui se dirige à partir de *Doullens* vers le chef-lieu du *Pas-de-Calais*, pour y substituer celle qui se continuerait sur *Frévent*.

Observations. — Il faut dégager M. Barrault de la responsabilité de son projet. Si cet Ingénieur n'avait pas reçu du *comité de Doullens*, auquel incombe toute la responsabilité, un mandat impératif, il n'eût certainement pas choisi, pour franchir le faîte qui sépare les deux villes de *Doullens* et d'*Amiens*, la région où ce faîte affecte les plus fortes altitudes. C'est moi-même qui ai indiqué les conditions auxquelles le projet du *comité de Doullens* peut être amélioré; il n'y en a pas d'autres, *si l'on persiste à le maintenir dans la même région*, que d'allonger son parcours par voie de développement; ce qui lui ferait perdre l'un des principaux mérites que le comité lui reconnaît. Le Conseil n'a pas dit comment il serait possible de diminuer la valeur des objections élevées contre ce projet.

Quant à l'autre mérite qu'on lui attribue, *de donner une satisfaction com-*

plète aux besoins des divers cantons, il faut le lui laisser vis-à-vis des cantons *traversés* ; mais il ne les traverse pas tous. Le projet par l'*Hallue* peut aussi bien revendiquer ce mérite ainsi défini et spécialisé. Le Conseil général, planant au-dessus de toutes les rivalités de cantons, jugera d'après l'ensemble de tous les éléments de la question ; et j'espère bien que les résultats de cette étude lui permettront de donner satisfaction à *tous* les intérêts, sans assumer un sacrifice trop grand pour les finances du département.

Montdidier et Pé-
ronne.

Il faut le dire ; ce sont les Conseils d'arrondissement de Péronne et de Montdidier qui, dans l'examen de l'avant-projet de l'unique chemin de fer qui les intéresse en commun, ont témoigné la plus grande rectitude de jugement et su le mieux se placer au-dessus de toutes les rivalités d'intérêts. Leurs délibérations sont de vrais modèles de discussion.

Nonobstant la complication des études qui ont mis en présence trente tracés résultant des diverses combinaisons qu'on peut faire avec les nombreuses variantes sur lesquelles elles ont porté, les deux Conseils, à la suite d'un examen auquel aucun détail important n'a échappé, ont été unanimes pour dégager la ligne désignée sous le n° 5 dans mon rapport du 20 septembre dernier, qui, partant de la limite du *Pas-de-Calais* dans la direction de *Cambrai*, se développe sur les versants et dans la vallée de la *Cologne*, passe à *Péronne, Chaulnes, Roye, Laucourt, Montdidier* (*Sud-Est*), et de là se dirige vers la limite de l'*Oise*, en tendant vers *Gannes*.

En outre le Conseil de *Péronne*, tout en maintenant sa préférence pour cette ligne, fait remarquer que la section d'*Achiet* à *Péronne* se rapproche beaucoup par l'économie de sa construction, par ses produits probables et suffisamment rémunérateurs, de la section correspondante sur le tracé de la *Cologne;* que ces deux lignes ne se feront pas réciproquement concurrence, aucune de leurs stations n'étant susceptible d'étendre son rayon d'approvisionnement sur la ligne voisine ; et il émet en conséquence *l'avis que les deux lignes de Cambrai et d'Achiet à Péronne peuvent être classées simultanément, tout en reconnaissant que ce double but ne peut être atteint que s'il se rencontre une Compagnie qui veuille se charger des deux à la fois.*

Dans le cas contraire, ajoute-t-il, *on pourrait se borner à construire la ligne dont la concession serait demandée de préférence.*

Le Conseil d'arrondissement de *Péronne* est le seul qui se soit occupé de la question relative aux deux systèmes de voie à 1ᵐ,25 et à 1ᵐ,50. Il s'est prononcé en faveur de la voie large, du moins en ce qui concerne le chemin qui l'intéresse.

Toutes les lignes étudiées, à l'exception de celle d'*Amiens* à *Beauvais*, se trouvent situées dans la zone frontière ; quelques-unes entrent dans le rayon des places fortes ou postes militaires conservés ; toutes se rattachent à des chemins de fer existants ou en construction et franchissent les limites du département. Il résulte de cette situation l'obligation de conférer à leur égard avec les services chargés des intérêts mis en jeu. Déjà des conférences au premier degré ont été tenues entre les Ingénieurs compétents; mais j'ai cru devoir ajourner les conférences du deuxième degré jusqu'après la décision du Conseil général. Il serait prématuré en effet d'agiter des questions que cette décision peut faire évanouir. D'ailleurs, quels que soient les résultats de ces conférences, ils ne peuvent pas être de nature à modifier sensiblement ceux de la présente étude.

Conférences avec le génie militaire,' avec le service du contrôle des chemins de fer existants ou en construction et avec les Ingénieurs des départements limitrophes.

On a vu, par le résumé des résultats des études, qu'à l'exception de la ligne d'*Amiens* à *Beauvais*, à l'égard de laquelle il ne sera possible de se prononcer que lorsque son instruction aura été complétée dans le département de l'*Oise*, toutes les autres lignes sont *théoriquement* possibles, à tous les points de vue, qu'elles peuvent être exécutées ou du moins classées simultanément, et que deux d'entre elles même promettent des recettes immédiatement rémunératrices, de sorte qu'à la rigueur l'ensemble du réseau paraît avoir des chances sérieuses de trouver des concessionnaires moyennant une subvention totale qui ne dépasse par *deux millions* à la charge du département, des communes ou autres intéressés et de l'État et une durée d'exploitation de 99 ans.

Voies et moyens.

En effet le tableau suivant présente l'ensemble des résultats financiers de ces études.

15

DÉSIGNATION des CHEMINS.	TAUX p. 0/0 du produit net de l'exploitation.	CAPITAL de la subvention nécessaire pour porter le revenu net à 5,5 p. 0/0, amortissement compris.	DURÉE de l'amortissement du capital engagé.	OBSERVATIONS.
1.	2.	3.	4.	5.
		FR.	ANS.	
Chemin de *Frévent* à *Gamaches* .	4,50	843,800	48	
— de *Frévent* à *Amiens*. .	4,61	750,459	48	
— d'*Airaines* à *Arras* . .	6 »	»	36	
— d'*Amiens* à *Beauvais*. .	. . . .	. . . . . .	. . .	Pour mémoire.
— de *Cambrai* à *Gannes* .	6,30	»	31	Ces deux lignes ayant un tronc commun — entre *Péronne* et *Gannes* — peuvent donc être comprises dans une seule et même concession suivant l'espoir manifesté par le Conseil d'arrondissement de Péronne.
— d'*Achiet* à *Gannes*. . .	6 »	»	36	
— du *Tréport* à *Fouilloy*.	» »	331,100	99	
Total . . .		1,925,359		

Qu'on veuille bien ne pas perdre de vue que le capital de la subvention inscrit à la 3ᵉ colonne est calculé sur la base d'un amortissement de 48 ans au maximum — la ligne du *Tréport* exceptée. — Il semble donc possible de trouver un concessionnaire dans ces conditions; car une fois le capital de premier établissement amorti, toute la partie de la recette brute qui excèderait les frais d'exploitation, d'administration et d'entretien jusqu'à la fin de la concession, c'est-à-dire pendant plus d'un demi-siècle, serait pur bénéfice pour lui.

Mais il ne faut pas se dissimuler que si l'*aléa*, cet élément important et vertigineux de toute spéculation, attire les audacieux, il est par contre l'épouvantail des gens prudents qui ne se risquent jamais sur un terrain dont ils n'ont pas à l'avance sondé toutes les parties. De là, la nécessité de neutraliser par des garanties solides et palpables toutes les chances de perte que l'*aléa* porte avec lui.

D'ailleurs, je l'ai déjà dit, les Compagnies des grands réseaux sont peu désireuses de se charger des chemins de fer d'intérêt local qui ne leur offrent pas la perspective des gros dividendes auxquels elles sont habituées, et qui ne promettent, dans leurs commencements du moins, des revenus rémunérateurs qu'à la faveur de taxes spéciales qui rompraient l'unité de leur tarif, dont elles ne se départissent que dans de rares circonstances.

C'est donc de la formation de Compagnies locales qu'il faut sérieusement se préoccuper. Le meilleur moyen de les cimenter, c'est de les assurer contre les éventualités de pertes par des subventions assez larges pour appeler la concurrence, tout en laissant à chacun la responsabilité de ses offres et de toutes leurs conséquences.

Telles sont les considérations qui m'amènent à proposer d'élever sensiblement les subventions à offrir pour les deux premières lignes.

La première se trouve, à tous les points de vue, dans des conditions à peu près identiques à celles de la ligne du *Tréport,* dont la concession vient d'être faite moyennant une subvention d'environ 45,000 francs par kilomètre. Sur cette base, et pour une longueur de 55,183 mètres, la subvention afférente à cette ligne serait de 2,483,235 francs, soit, en nombres ronds, 2,500,000 fr.

La deuxième ne lui est pas inférieure sous les rapports de l'exploitation et du trafic, mais elle l'emporte de beaucoup du côté de la dépense de premier établissement. La différence en faveur de celle-ci est en effet de 19,000 fr. Il sera donc très-rationnel de calculer la subvention en ce qui la concerne, à raison de 26,000 francs seulement par kilomètre ; ce qui, pour les 41,288 mètres appartenant au territoire de la *Somme,* la portera à 1,073,488 francs, soit, en nombres ronds, 1,100,000 francs.

Bien que les lignes d'*Airaines* à *Arras* et de *Cambrai* ou d'*Achiet* à *Gannes* soient, suivant les plus modestes prévisions, largement rémunératrices, je proposerai, pour les mêmes motifs, d'attribuer à chacune d'elles une subvention d'*un million.*

En ce qui concerne la ligne du *Tréport,* le chiffre de la subvention ne doit pas éprouver de variation digne d'être comptée. Je n'ai donc pas à modifier celui de 331,100 porté au tableau.

Enfin il n'y a pas lieu de s'occuper, pour le moment du moins, de la ligne d'*Amiens* à *Beauvais.*

Ainsi le montant total des subventions que le département de la *Somme* peut offrir à la spéculation pour l'exécution de son réseau de chemins de fer d'intérêt local, avec l'espoir bien légitime qu'il ne sera pas dépassé, est de

5,931,100, ou, en y ajoutant pour arrondir une somme à valoir de 68,900 fr., de *six millions*.

Répartition
des charges. D'après l'article 5 de la loi du 12 juillet 1865, le département de la Somme peut obtenir de l'État une subvention du quart de la dépense que les traités d'exploitation à intervenir laisseront à sa charge et à celle des communes et des intéressés. Il y a lieu d'espérer qu'il sera admis à jouir de cet avantage.

La subvention de l'État spéciale à la ligne du *Tréport* ayant été décomptée dans le département de la *Seine-Inférieure*, la somme ci-dessus de 331,100 francs restera en entier à la charge du département et des communes de la *Somme*.

Il reste à répartir entre ces derniers les trois autres quarts de la subvention qui leur incombent.

Évidemment le problème n'est pas susceptible d'une solution rigoureuse; car la formule qui l'exprimerait doit être une *fonction* des forces contributives et des intérêts respectifs des deux parties; et si le premier élément est très-approximativement fourni par les documents officiels de l'administration des Contributions directes, on ne peut, à l'égard du second, que se livrer à des suppositions plus ou moins plausibles.

Le département de la *Seine-Inférieure* paraît l'avoir résolu empiriquement. On lit dans le rapport fait par M. le Préfet de ce département à son Conseil général (Séance du 30 août 1866) : « Les souscriptions des communes et des particuliers s'élèveront à 500,000 francs; *cette somme pourra d'ailleurs leur être imposée comme condition de l'établissement du chemin.* » Or le département prenant à sa charge une dépense de 1,081,750 francs, la part à la charge des communes et des particuliers représente assez exactement le tiers de la partie du capital de premier établissement, qui n'est pas couverte par la subvention de l'État et par les avances de la Compagnie concessionnaire.

Ce qui me paraît être en dehors de toute discussion, c'est que, dans la *Somme* du moins, c'est l'agriculture, c'est-à-dire les communes, qui retirera les plus grands profits de la création des chemins de fer locaux. On se rappelle en effet (Voir mon rapport sur les deux lignes de *Doullens*, page 10) que la Chambre de commerce d'*Arras* évalue à 466 francs la plus-value qu'acquerraient *immédiatement*, par chaque hectare de terrain, les 60 communes du *Pas-de-Calais* situées sur le trajet du tronçon de la ligne d'*Airaines* à *Arras*, appartenant à ce département.

Exagérée ou non, cette appréciation n'en a pas moins une grande valeur, car elle ouvre à l'hypothèse un champ assez vaste où elle peut se mouvoir à l'aise et se caser dans le voisinage étroit de la vérité.

Ce ne sera pas, je pense, abuser de l'hypothèse que d'admettre, eu égard à la transformation des cultures, que chaque hectare de terrain compris dans une zone de 8 kilomètres de largeur, de part et d'autre des lignes de chemin de fer, bénéficiera immédiatement de 100 francs, à peine le cinquième du chiffre donné par la Chambre de commerce d'*Arras*.

A ce compte, la plus-value kilométrique serait de 160,000 francs. Or la plus forte subvention des quatre lignes qui constituent le réseau proprement dit de la *Somme* n'étant que de 45,000 francs par kilomètre (ligne de *Frévent* à *Gamaches*), dont 33,750 francs à la charge du département et des communes, ce ne sera pas traiter trop durement ces dernières que de leur imposer, à l'instar de la *Seine-Inférieure*, le tiers de cette contribution, soit 11,250 par kilomètre, ou 7 francs par hectare ; c'est-à-dire le *quatorzième* environ des avantages pécuniaires qu'elles seront appelées à recueillir immédiatement.

Pour les trois autres lignes, la part contributive des communes serait comprise entre 3 et 4 francs par hectare, ou entre le *trentième* et le *vingt-cinquième* de la plus-value.

Ces chiffres ne me paraissent pas de nature à effrayer des communes qui ne craignent pas de s'imposer, pour des intérêts moins considérables peut-être, des centimes extraordinaires dont le nombre annuel s'élève, pour quelques-unes, au-dessus de 60.

Il est donc permis d'espérer que les communes s'exécuteront de bonne grâce et qu'elles réaliseront la part de contribution qui incombe à chacune d'elles, soit par voie d'imposition de centimes additionnels, soit par voie de souscription, soit de toute autre manière. Dans le cas contraire, il serait prudent de rendre toutes les communes intéressées à une même ligne solidaires entre elles, et de faire, de la réalisation de la contribution communale entière, la condition *sine quâ non* de l'exécution de l'entreprise.

Conclusion. En résumant les nombreuses considérations développées dans ce rapport, je me crois donc autorisé à proposer les résolutions suivantes :

1° Il sera créé dans le département de la *Somme* un réseau des chemins de fer d'intérêt local.

Ce réseau sera composé des quatre lignes ci-après :

Ligne de *Frévent* à *Gamaches* par *Abbeville* ;

— d'*Airaines* à *Arras* par *Doullens* ;

— de *Frévent* à *Amiens* par *Doullens*, l'*Authie* et l'*Hallue* ;

— de *Cambrai* à *Gannes* par la vallée de la *Cologne*, *Péronne*, *Chaulnes*, *Roye*, *Laucourt* et *Montdidier*, avec embranchement partant d'*Achiet* et aboutisssant à la gare de *Péronne*.

Tous ces chemins seront établis avec une voie de 1ᵐ,50 de largeur et rails de 30 kilogrammes, au moins, par mètre courant.

Ils seront exécutés et exploités par voie de concession et adjugés, soit directement s'il est fait des offres acceptables, soit avec publicité et concurrence, aux clauses et aux conditions du cahier des charges spécial à chacun d'eux, pour une durée d'exploitation de 99 ans, et moyennant des subventions qui ne pourront pas excéder, savoir :

Pour la ligne de *Frévent* à *Gamaches* . . . . 2 500 000 fr.

— de *Frévent* à *Amiens*. 1 100 000

— d'*Airaines* à *Arras* 1 000 000

— de *Cambrai* à *Gannes* avec embranchement
entre *Achiet* et *Péronne*. 1 000 000

Chacune de ces subventions sera fournie dans les proportions suivantes, savoir :

Par le département de la Somme, 2/4 ;

Par les communes et autres intéressés, 1/4 ;

Par l'État (art. 5 de la loi du 12 juillet 1865), 1/4.

2° La contribution demandée par le départemement de la *Seine-Inférieure* au département de la *Somme* dans les dépenses d'établissement d'une ligne de *Tréport* à *Fouilloy* est fixée à la somme totale de 331,100 francs, dont les deux tiers, soit 220,733 francs, à la charge du département, et l'autre tiers, soit 110,367, à la charge des communes.

Il est entendu que cette contribution est subordonnée à la condition expresse que la ligne dont il s'agit s'embranchera sur le chemin de fer d'*Amiens* à *Saint-Quentin*, à la station de *Fouilloy*.

3° Toutes les communes intéressées à l'établissement d'une même ligne sont déclarées solidaires entre elles pour la constitution de la part des dépenses mises à leur charge. Leur engagement préalablement et solidairement contracté et souscrit par elles est la condition nécessaire du classement des lignes qui les intéressent respectivement.

Nota. Toutes les lignes du réseau de la Somme ayant leurs extrémités situées sur le sol des départements voisins, il y aurait peut-être lieu d'adresser à MM. les Préfets de ces départements un exemplaire de chacun des dossiers qui les intéressent respectivement, avec prière de proposer une convocation spéciale des Conseils généraux, à l'effet de délibérer sur la question de savoir s'ils sont disposés à s'associer aux projets du département de la Somme, chacun en ce qui le concerne (115).

Amiens, le 22 Décembre 1866.

FUIX.

(115) Il serait prématuré d'émettre une opinion sur les dispositions des départements voisins. Je suis informé toutefois que M. l'Ingénieur de l'arrondissement de Cambrai vient de déposer à la mairie de cette ville le projet de chemin de fer d'intérêt local qui doit relier Cambrai au tracé de la ligne de Péronne et Montdidier par la vallée de la Cologne.

AMIENS. — IMPRIMERIE ET LITHOGRAPHIE T. JEUNET, RUE DES CAPUCINS, 47.